物質・エネルギー再生の科学と工学

葛西 栄輝・秋山 友宏 著

共立出版

まえがき

　1992年6月，ブラジルのリオデジャネイロにおいて，180ヶ国が参加して「国連環境開発会議（通称 地球サミット）」が開催された．この会議では，化石燃料や鉱物資源を消費し続けることによる天然資源枯渇や地球環境破壊を反省し，環境を保全しつつ経済発展をめざす考え方を基本とする「環境と開発に関するリオ宣言」が合意された．その具体的な行動計画として「アジェンダ（Agenda）21」が発表され，1993年12月には，我が国の基本的な行動計画として「アジェンダ21行動計画」が策定された．その主要事項は以下のようなものである．

- 地球環境負荷の少ない持続的発展が可能な社会の構築，環境配慮型ライフスタイルの確立
- 地球環境保全に資する実効的な国際的枠組み作りへの参加，貢献
- 「地球環境ファシリティ（GEF）」の改革など資金供与制度整備のための国際的取組への参画
- 環境関連技術開発の推進と技術移転の促進など，開発途上国における環境問題対処能力の向上への貢献
- 地球環境保全に関する国際的連携および中央政府，地方公共団体，企業，非政府組織（NGO）などの広範な連携の強化

これとほぼ同時（1993年11月）に施行された我が国の環境基本法でも，以下の3点が今後取組むべき主項目として強調されている．

- 環境が与える恩恵の維持・継承と，そのための公平な役割分担
- 環境負荷の少ない持続的発展が可能な社会の構築
- 国際的協調による地球環境保全の積極的推進

では，この両者に含まれている「持続的発展が可能な社会の構築」を成すためのマニュアルは具体化されてきているのであろうか．

　我が国では1990年に始まるバブル経済崩壊から10年以上が経過した．この

間，産業界でのエネルギー使用量や産業廃棄物の最終処分量は，民生活動由来のものに比較すればあまり増加しておらず，その理由の一つが経済低迷であるという分析がある．もちろん，省エネルギーや素材リサイクルに関する技術革新の貢献も大きいことは否定できないが，近年の中国にみられるような急速な経済発展は，鉱物資源および化石エネルギーの消費量を指数関数的に増加させつつあることは確かである．この意味において，我が国の産業界が待望する真の経済再生もエネルギー消費量増加への明確な圧力となる．

一方で，我が国は1997年に採択された京都議定書を批准しており，これによると温室効果ガス排出量を1990年基準で6%削減することが義務付けられている．2005年2月16日にはロシアの批准により京都議定書が正式に発効し，この国際公約の遵守が現実的な課題として我が国にのしかかってきている．温室効果ガス削減を織り込んだ政策は，化石エネルギー消費を抑制しつつ，経済成長を達成するという言わば二律背反の課題を克服しようとするものであり，斬新な経済的，社会的枠組みの創生を不可欠とする．これは「持続的発展が可能な社会の構築」を可能とする大きな柱の一つであり，社会構造の大変革を促す駆動力となり得る．

もちろん，経済と社会構造の改変のみでこのような変革を達成することは不可能であり，理学，工学など，自然科学の発展をベースとした技術的革新が土台になることは言うまでもない．環境基本法においても，「大量消費社会から省エネやリサイクルに留意した環境にやさしい社会の実現を目指す」ための関連技術発展の必要性に言及している．また，2003年6月の主要国首脳会合(G8サミット：フランスのエビアンで開催)では，「よりクリーンで，持続的かつ効率的な技術の開発を支援する」ことで一致した．これを受けて日本政府はOECD等の関係国際機関と協力し，2005年より3R（発生抑制(Reduce)，再使用(Reuse)，再生利用(Recycle)）イニシアティブを開始した．この中でも3R推進に必要な科学技術の重点的発展が主要課題に取り上げられている．

一方，素材リサイクルや廃棄物再生の重要性の認識が広範囲に浸透する中で，その意義の精査と見直しが必要となっている．リサイクルは物質・エネルギー資源の効率的利用，環境保全への貢献のための手段として行われるべきものである．しかし，実はリサイクルにもレベルが存在し，ケースによっては逆にエ

ネルギー浪費や環境負荷増加をもたらす可能性がある．個々のリサイクルに対しては，リサイクル自体を目的とすることなく，それを行うことによる相対的なメリット評価を行うべきである．

　科学と工学は，これまで成立しなかったリサイクルを真に有効なものに変革する潜在力を秘めている．本書を「物質・エネルギー再生の科学と工学」を学ぶ導入書として，あるいは地球環境維持のための技術開発への基礎的情報源として活用して頂ければ幸いである．

　なお，本書では物質リサイクルとエネルギー有効利用（再生，回収，省エネルギー），大気および水質の環境保全に関する科学と基本的な工学的プロセスを主な対象として記述した．

2006 年 1 月

葛 西 栄 輝
秋 山 友 宏

もくじ

第1章 物質・エネルギー再生のためのプロセス設計法
- 1.1 熱力学の基礎 ……………………………………………………………… 1
  - 1.1.1 エネルギーとは ……………………………………………………… 1
  - 1.1.2 内部エネルギーと熱力学第1法則 ………………………………… 5
  - 1.1.3 可逆プロセス ………………………………………………………… 8
  - 1.1.4 エントロピーと熱力学第2法則 …………………………………… 10
- 1.2 次元解析と物質・エンタルピー収支 ……………………………………… 12
  - 1.2.1 単位と次元 …………………………………………………………… 13
  - 1.2.2 次元解析 ……………………………………………………………… 14
  - 1.2.3 収支式の確認 ………………………………………………………… 16
  - 1.2.4 物質収支 ……………………………………………………………… 18
  - 1.2.5 修正エンタルピー …………………………………………………… 22
- 1.3 まとめ …………………………………………………………………………… 23
- 第1章 演習問題 …………………………………………………………………… 24

第2章 エクセルギー概念に基づくシステム設計
- 2.1 エクセルギーとは ……………………………………………………………… 30
  - 2.1.1 我々は一体何者か？ ………………………………………………… 31
  - 2.1.2 エクセルギーを支える本質的な2大法則 ………………………… 34
  - 2.1.3 地球上で消費できるエネルギー——エクセルギー ……………… 37
- 2.2 エクセルギー理論に基づく生産活動 ………………………………………… 41
- 2.3 損失に注目する図式エクセルギー解析法 …………………………………… 43
  - 2.3.1 プロセスシステム図の描き方 ……………………………………… 43
  - 2.3.2 熱力学コンパス ……………………………………………………… 47
- 2.4 絶対値に注目するエクセルギー解析法 ……………………………………… 50

2.5　まとめ……………………………………………………………57
　第2章　演習問題……………………………………………………57

第3章　物質再生のための分離法

　3.1　機械的分離………………………………………………………59
　　3.1.1　分　粒……………………………………………………60
　　3.1.2　ろ過・集じん……………………………………………65
　3.2　浮遊分離…………………………………………………………81
　3.3　均一相の分離……………………………………………………82
　　3.3.1　平衡分離……………………………………………………82
　　3.3.2　速度差分離…………………………………………………83
　3.4　蒸　留……………………………………………………………83
　3.5　液液抽出，吸着…………………………………………………84
　3.6　ガス吸収…………………………………………………………86
　3.7　膜分離……………………………………………………………86
　3.8　金属の融体化学的分離…………………………………………89
　　3.8.1　鉄鋼製錬……………………………………………………89
　　3.8.2　銅の乾式製錬………………………………………………91
　　3.8.3　亜鉛の乾式製錬……………………………………………94
　　3.8.4　シリコンの製錬……………………………………………95
　3.9　金属の溶液化学的分離…………………………………………95
　　3.9.1　銅の湿式製錬………………………………………………96
　　3.9.2　ニッケルの湿式製錬………………………………………96
　3.10　金属の電気化学的分離…………………………………………96
　　3.10.1　銅の電解製錬………………………………………………97
　　3.10.2　アルミニウムの電解製錬…………………………………97
　第3章　演習問題……………………………………………………98

第4章　物質再生プロセス

4.1　マテリアルフローとエコリュックサック ………………………100

- 4.2 物質リサイクルに関連する法律 ……………………………………… 103
  - 4.2.1 容器包装に係る分別収集及び再商品化の促進に関する法律 ……… 103
  - 4.2.2 特定家庭用機器再商品化法 …………………………………… 104
  - 4.2.3 食品循環資源の再生利用等の促進に関する法律 ……………… 104
  - 4.2.4 建設工事に係る資材の再資源化等に関する法律 ……………… 105
  - 4.2.5 資源の有効な利用の促進に関する法律 ………………………… 105
  - 4.2.6 使用済自動車の再資源化等に関する法律 ……………………… 105
- 4.3 リサイクル対象物とリサイクルレベル …………………………… 105
- 4.4 金属の再生 ………………………………………………………… 107
  - 4.4.1 鉄鋼のリサイクル ……………………………………………… 107
  - 4.4.2 アルミニウムのリサイクル …………………………………… 109
  - 4.4.3 亜鉛のリサイクル ……………………………………………… 111
- 4.5 プラスチックの再生プロセス …………………………………… 113
  - 4.5.1 PETボトルの再生 ……………………………………………… 115
  - 4.5.2 塩素系プラスチックのリサイクル …………………………… 116
  - 4.5.3 混合廃プラスチックのリサイクル …………………………… 116
- 4.6 紙の再生プロセス ………………………………………………… 117
- 4.7 ガラスの再生プロセス …………………………………………… 120
- 4.8 スラグの処理と有効利用 ………………………………………… 122
  - 4.8.1 鉄鋼製錬スラグ ………………………………………………… 123
  - 4.8.2 非鉄製錬スラグ ………………………………………………… 126
  - 4.8.3 溶融スラグ ……………………………………………………… 127
- 4.9 シュレッダーダストおよび焼却飛灰の処理 …………………… 129
  - 4.9.1 シュレッダーダストの処理 …………………………………… 129
  - 4.9.2 溶融飛灰の処理 ………………………………………………… 130
- 4.10 廃棄物の最終処分 ………………………………………………… 132
- 4.11 資源再生技術にかかる将来的課題 ……………………………… 135
- 第4章 演習問題 ……………………………………………………… 136

第5章 プロセス間リンクによるネットワーク形成 ……………… 138
- 5.1 環境・エネルギー問題の定義 …………………………………… 138

5.2　ネットワークと未利用エネルギー ……………………………143
　5.3　ネットワーク形成 ……………………………………………149
　　　5.3.1　ネットワーク研究 ……………………………………149
　　　5.3.2　ネットワーク構造 ……………………………………150
　　　5.3.3　ネットワーク成長と構築 ……………………………161
　5.4　ネットワーク形成技術および関連事項 ……………………167
　第5章　演習問題 ……………………………………………………171

演習問題解答例 ………………………………………………………173
Appendix I ……………………………………………………………188
　付表I-1　SIの基本単位と補助単位 ……………………………188
　付表I-2　固有の名称を持つ組立単位の例 ……………………188
　付表I-3　SIの接頭語 ……………………………………………188
　付表I-4　SIと併用してよいとJISで認められている単位 …189
　付表I-5　SIとこれまで使われてきた単位系 …………………189
Appendix II ……………………………………………………………190
　付表II-1　代表的無次元数 ………………………………………190
　付表II-2　規準エクセルギーと規準エンタルピー ……………192
　付表II-3　平均比熱データ ………………………………………193
　付表II-4　一般的な記号 …………………………………………194
Appendix III　エクセルギープログラムのソースコード例 ………195
文　　献 ………………………………………………………………208
さくいん ………………………………………………………………212

第1章
物質・エネルギー再生のためのプロセス設計法

本章では熱力学の基礎を実用的な観点から概説し，実際のプロセス設計に必要不可欠な収支論を理解することを目標とする．本章で習得する手法はあらゆる業種のプロセス設計に適用可能な汎用性のある方法である．また，本章で使用する記号を以下にまとめておく．

A,B,C,D,a,b,c,d：定数 $(-)$	Q：熱量 [J]
$CP(T), Cp'(T)$：比熱および平均比熱 $[J/(K\cdot mol)]$	Re：レイノルズ数 $(-)$
d_p：粒子径 (m) あるいは定数 $(-)$	S：エントロピー [J/K]
F_k：摩擦抵抗 $(-)$	T：温度 [K]
H_0, H_0'：エンタルピー法，修正エンタルピー法の規準エンタルピー [J]	L：内部エネルギー [J]
	u：線速度 [m/s]
K：運動エネルギー [J]	W：仕事 [J]
k：透過率 $(-)$	ε (イプシロン)：空間率 $(-)$
l：長さ [m]	μ (ミュー)：粘度 [kg/ms]
p：圧力 [Pa]	ρ (ロー)：密度 [kg/m^3]

1.1 熱力学の基礎

1.1.1 エネルギーとは

エネルギーとは，物理的な仕事をなし得る能力のことである．また，仕事とは，物体に一定の力 $F[N]$ が働き，加えられた力の向きに物体が距離 $x[m]$ だけ移動したときの力 F と移動距離 x との積 (Fx) のことである．つまり，この力が物体にした仕事 W は次式で表される．

$$W = Fx \tag{1.1}$$

空気の運動である風は，ヨットを走らせたり，風車を回したりして仕事をする．また，ダムに蓄えられた水は発電所のタービンを回転して仕事をする．こ

のように運動している物体や高いところにある物体は，他の物体に対して仕事をする能力を持っているので，このとき，物体はエネルギーを持つという．

エネルギーの単位は SI 単位系では J（joule）[1] であり，次のように換算係数なしに自由に変換できる．これが SI 単位の最大の利点である．

$$J = N \cdot m = Pa \cdot m^3 = W \cdot s = C \cdot V = A \cdot Wb$$

【コラム1　仕事の語源】

古代ギリシャよりもさらに古い時代に，仕事やはたらきを表す言葉として uergon（ウエルゴン）という語があったと推定されている．それがギリシャ語では ergon になり，古代ゲルマン語では werc, werah に変化した．後者の werc がドイツ語の werk，英語の work になったのである．一方，仕事の CGS 単位である erg（エルグ）は，ギリシャ語の ergon に基づいている．また，ギリシャ語の ergon に前置詞 en をつけて en + ergon (at work) より，はたらいている状態，勢力，活力を意味する energeia という語ができた．これがラテン語で energia になり，さらには，英語の energy，フランス語の energie に変化した．これらが今日物理用語としてのエネルギーとして使われるようになったのは，1807 年にヤング（T.Young）が仕事をする能力として用いてからである．エネルギーが現在の意味に定着したのは，1851 年のトムソン（W. Thomson）や 1853 年のランキン（W.J.M. Ran'kine）の論文からである．

図 1.1 に示すようにエネルギーは力学，熱，化学，電気，電磁波（光を含む），原子核，音など様々な形態をとり，これらは**エネルギーメディア**（媒体）といわれる．どの形態でもエネルギーは相互に変換が可能であり，位置エネルギーと運動エネルギーが相互に転換する過程では，両者の和は一定に保たれる．これを指して**力学的エネルギー保存則**という（図 1.2 参照）．高所にある物体は，位置エネルギーを持つため，落下したときに仕事をすることができる．

一方，電池は化学的な形態の位置エネルギーを持っていて，それを電気に変換している．チタンと酸素は，化学的エネルギーを持っており，点火により反応し，酸化チタンになるとき，熱と光の形にエネルギーが転換されて放出される．銃から弾が発射されるときは火薬の化学エネルギーは運動エネルギーに転換される．発電機の回転子の機械的運動エネルギーは，電磁誘導によって電気的運動エネルギーに転換されている．このように身の回りの現象はすべてエネルギー変換を伴っている．

---

[1] J：物体を 1 [N] の力で 1 [m] 動かす仕事やエネルギーのこと．

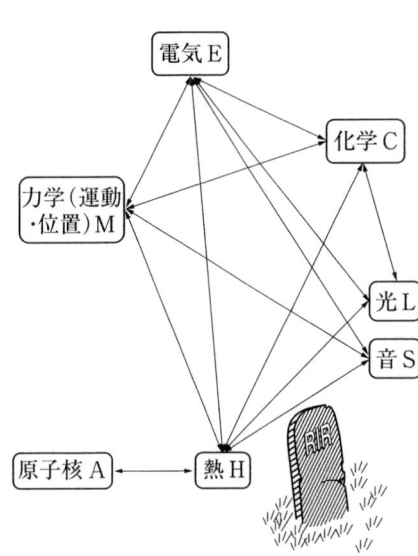

E→H		電熱器, ペルチェ素子
H→E		熱電対, 熱電素子
E→C		電気分解
C→E		電池
E→L		電灯, テレビ
L→E		太陽電池
E→S		スピーカー, ラジオ
S→E		マイクロフォン
E→M		モーター
M→E		発電機
C→M		火薬, 食物
M→C		メカノケミストリー
C→H		燃料
H→C		プラズマ
C→L		爆発, ろうそく, 有機EL, 蛍
L→C		光合成
C→S		爆発
S→M		超音波
M→S		打楽器
L→H		光の吸収
H→L		熱放射
H→A		ビッグバーン
A→H		原子炉

図 1.1 エネルギーの形態とその一例
エネルギーはいろいろなメディアを介して変換され, 最後は「エネルギーの墓場」といわれる熱になる.

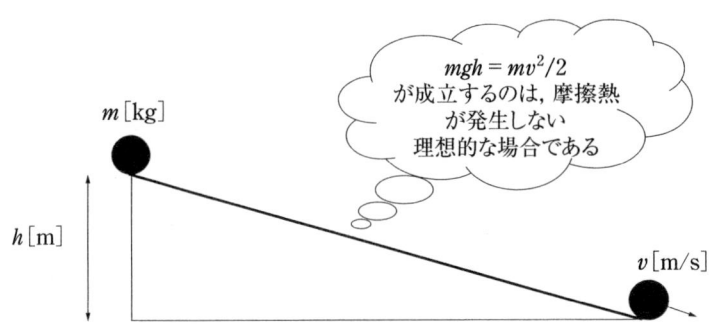

位置エネルギー＝運動エネルギー＋摩擦熱

位置エネルギーは一部摩擦熱になって大気放散される

図 1.2 位置エネルギーの変換プロセス
エネルギーは仕事と熱に変換され, その総量は保存される（力学的エネルギー保存則）. 球がとまったとき, すべて熱に変換されたことを意味する.

エネルギー変換において最も重要なことは，どんなエネルギーでも最終的には低質な熱に転換されてしまうことである．機械装置では，有効な仕事に使われるエネルギー以外は摩擦熱となって消費される（図 1.3 参照）．電気回路におけるエネルギー損失の大部分も熱による損失である．したがって，エネルギーを有効に利用するコツは，なるべく熱に変換しないようにエネルギー変換し，仕事に使うことである．例えば，燃料電池[2]は化学エネルギーを熱という形態を経ることなく電気エネルギーに直接変換するため，高い変換効率で発電することが注目されている．

従来，石油や石炭など化石燃料の利用技術は，とにかく燃焼してなるべく高温の熱に変えてから発電などに高効率利用することに特化していた．すなわち，空気（酸素）比を調整し，かつ断熱性を高めて熱損失を小さくすることに最大の注目を払っていた．しかし最近では，熱力学の本質に立ち返り，1) 目的と

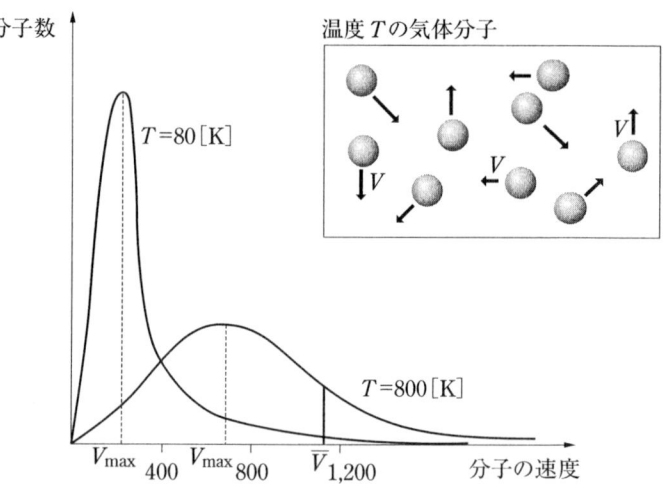

図 1.3 異なる温度の気体分子の速度分布

一定温度の気体中の分子は，温度に比例し，運動エネルギーを得る．温度が高くなれば分子全体の平均速度はより大きな値になる．グラフはマクスウェル分布の，80 [K]（約 −190 ℃）と 800 [K]（約 530℃）のそれぞれの温度における気体分子の速度分布を表す．V_{max} 値は分布する分子数が最大になる速度である．温度が上昇するのに従い V_{max} 値も上がる．

---

[2] 直流電流を電解質の水溶液に流すと水が電気分解されて酸素と水素が生成するが，逆に水素と酸素の化学反応から電力を取り出す装置．

するエネルギーメディアに直接変換する，2) 熱に変換したならば，その温度でなければ生じない吸熱現象に使用し，温度降下と共に段階的に廃熱と吸熱現象と組合せるシステムを設計する発想が求められている．段階的な熱の利用を水の流れに例えて熱の**カスケード利用**と呼ぶことがある．

熱力学は，エネルギーに関連する反応や現象がどの程度進行するか，可能性を教える学問である．その可能性は刺激を与え十分に時間が経過しても変化しない状態，すなわち，平衡状態か，否かで判断できる．熱力学とは別に，時間に対して変化する状況を予測する学問として速度論がある．プロセス設計においては，はじめに平衡論に基づく「熱力学」を用いて解析を行い，その可能性を明らかにする．十分なエネルギー効率改善の可能性がある場合にのみ「速度論」による解析を進めればよい．この順番は重要である．複雑な速度論的解析を行う前に，本質的な平衡論でその可能性を明らかにすることは大幅な時間節約につながる．ただし，平衡論的に魅力があってもその速度が極めて遅く非現実的であることがある．この場合はその速度を改善する方法を検討することになる．

1.1.2　内部エネルギーと熱力学第1法則

19世紀に行われた様々な実験の結果から，「エネルギーは種々の形態に転換するものの，それを生成させることも消滅させることもできない」ということがわかった．ジュール（J.P. Joule）は1845年に，おもりを上下させることによって羽根車を動かして液体をかき混ぜ，その摩擦により，液体温度を上昇させる実験を行った（図1.4参照）．その結果，系の外部から加えられた仕事量と，系内に発生した熱量とが比例すること，しかもそのときの比例定数（熱の仕事当量）の値が4.18 [J/cal] であることを発見した．

この頃までに，例えば物体を投げたとき，重力による位置エネルギーと運動エネルギーの和（すなわち，**力学的エネルギー**）が保存されることが理論的にわかっていた．一方で，運動する物体が空気抵抗を受けたり，他の物体と衝突したりする際には力学的エネルギーは保存しない．しかし，このような場合にも，発生する熱がエネルギーの一種であるとみなすとエネルギーが保存されることになる．

仕事，熱量，エネルギーの単位［J］はジュールの名にちなんでつけられた．1［J］は1［Ws］，あるいは10^7［erg］に等しい．ジュールは，物理学者トムソンとともに，仕事量0で膨張するときの気体の温度は低下することをみいだ

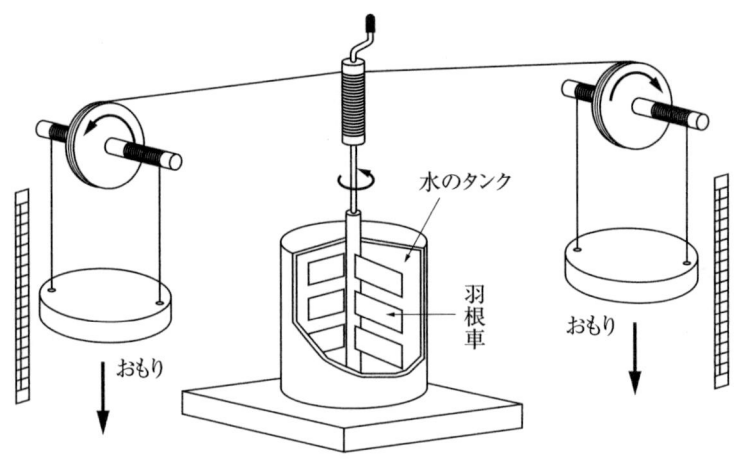

図1.4　ジュールの実験の概略
おもりが下がり，タンク内の水中にある羽根車が回る．おもりの位置エネルギーは羽根車の回転の運動エネルギーとなり，エネルギーを与えられた水の温度が上昇する．

【コラム2　ジュールとトムソン】

　ジュールは，1818年イギリスの北西部のソルフォードで，一生研究に没頭できるほどの裕福な醸造業者の次男として生まれる．子どもの頃に病気がちだったため，読書と実験に熱中するようになり，正規の学校へは行かず，親は何人かの家庭教師を彼のためにつけた．その家庭教師の一人に，後に「原子論」を唱えたドルトンがいた．そして，1850年にはイギリスの名誉ある学会である王立協会の学会員に選出されるが，学問に専念することなく一生を醸造業者として暮らし，1889年に70歳で世を去った．

　彼の仕事当量の実験の内容が発表されたのは1847年で，29歳のときである．しかし，当初全ての学会誌から論文発表を拒否されたので，マンチェスターでの一般講演の場で発表し，その全文をマンチェスターの新聞に発表した．さらにその数ヶ月後に，ある科学者の集まりの場で発表することができた．そのときも，科学者たちはほとんどがその論文の内容に注目することはなかった．しかし，その中にいた23歳の新進気鋭の物理学者トムソンが，その内容に大いに興味を持ち，かつその重要性を認識した．そしてこれを機に，ジュールとトムソンは終生親友となった．トムソンは，機会あるごとにジュールの実験結果の重要性を述べ，次第にジュールの業績が認められるようになり，有名になっていった．なお，エネルギー保存則の存在を認めたのは，メイヤー（1842年）とジュール（1847年）であったが，これを明確な形で述べたのはヘルムホルツ（H.L.F. von Helm'holtz, 1847年）である．

した．**ジュール＝トムソン効果**と呼ばれるこの原理は，冷却や空調システムの運転に使われている．トムソンは後に大物理学者となり，ケルヴィン(Kel'vin)卿と名のるようになる．今日の絶対温度目盛りには彼の名にちなんで，ケルヴィン（K）が使われている．

エネルギー保存の法則は**熱力学第 1 法則**と呼ばれ，古典物理学の基本原理の一つになっている．この法則は質量保存の法則と同じく光の速度よりも小さな速度が関係する現象に対してのみ正しい．原子核反応のように光速に近い速度が関係する現象においては，エネルギーと物質とは相互に転換できるようになる．したがって，近代物理学では，質量もまたエネルギーの形態の一つであるとみなされるようになった．

静止している物体は全体としての運動エネルギーを持たず，位置エネルギーも変化しない．しかし，内部の分子の熱運動によるエネルギーを持っている．この見えないエネルギーのことを物体の**内部エネルギー**という．内部エネルギーは気体の状態では飛び回っている分子の運動エネルギーの総和であり，液体や固体では，熱振動の運動エネルギーと分子間力による位置エネルギーとの総和となる．

図 1.5 扇風機に投入された電気エネルギーは保存されているのだろうか．
投入された電気は本体の発熱と気体の運動エネルギーに変換され，その総和は投入エネルギーに等しい．

熱力学の第 1 法則によれば，内部エネルギーの増加分 ΔU は，外部からその物体になされた仕事 W と外部から加えられた熱量 Q の総和だけ増加し次式

で表現できる．

$$\Delta U = W+Q \quad (1.2\text{a})$$

厳密に運動エネルギー ΔK，ポテンシャルエネルギー ΔP を加えて，

$$\Delta K+\Delta P+\Delta U = W+Q \quad (1.2\text{b})$$

と記述する教科書もある．この法則によると扇風機に投入された電気エネルギーもまた，保存されるはずである（図 1.5 参照）．投入された電気エネルギーはモーターという機械的エネルギーを経て，結局は風になる．では，風とは一体何であろうか．空気分子のある方向に向かった動きと理解することができる．それらの運動エネルギーとモーターで発生する熱を総和すれば，投入された電気エネルギーに一致することになる．

【コラム 3 熱力学第 0 法則】

2 つの系のそれぞれが熱平衡状態にあり，それぞれがさらに第 3 番目の系と熱平衡状態にあるとすると，最初の 2 つの系もまた，互いに熱平衡状態にあることになる．この熱平衡状態のときに共有している物理量が温度である．当然とされるこの現象を指して熱力学第 0 法則と呼ぶことがある．

1.1.3 可逆プロセス

図 1.6 は可逆現象と不可逆現象の簡単な例をシーソーに例えて示している．例えば，ここで 80 [kg] の物質（図 1.6 では大人）を持ち上げるためにシーソーの片側に同じ重量のおもり（図 1.6 では 2 人の子ども）を乗せておくと，理論的には仕事量 0 で持ち上げたり引き下げたりできる．一方，十分なおもりが無い場合（図 1.6 では 1 人の子ども）は一度左側が下がったならば，そのままでは自ら二度と右下がりになることはない．右下がりにするためには 40 [kg] 相当の質量を加えることが必要となる．前者のように元の状態に戻ることができることを**可逆な現象**と呼び，後者のような**不可逆な現象**と区別する．全くおもりが無い場合はさらに大きな 80 [kg] 相当の質量を加える必要があるので，この場合の不可逆の度合いはより大きいと表現できる．

図 1.7 には熱交換の例を示す．断熱特性の優れた無限長さのパイプ内は熱伝導性の良い仕切りで 2 等分され 2 つの流体間の熱交換を効率良く行うことが可能な構造となっている．片方に一定流量で 80℃ のお湯を流し，もう一方に同

じ流量で0℃の水と熱交換を行う場合，同じ向きに流す方法（併流式）と向かい合って流す方法（向流式）のいずれが優れているだろうか[3]．前者の場合，水は40℃まで加熱されるのに対して，後者では2流体は完全に熱交換され，

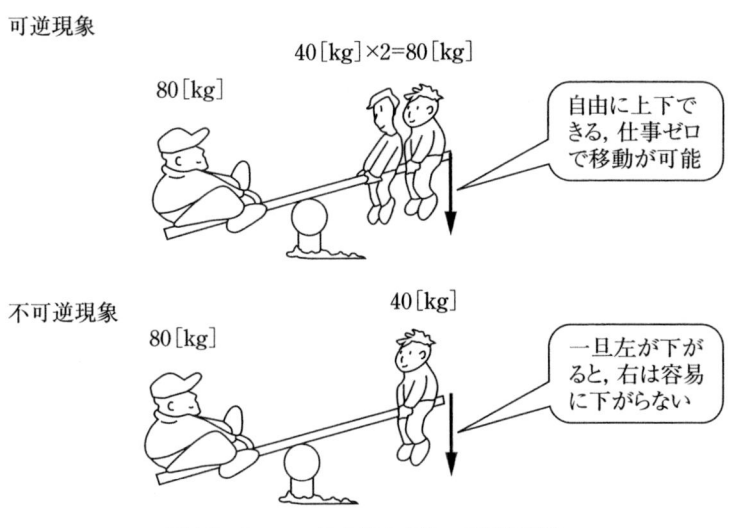

図1.6 シーソーにおける可逆，不可逆現象

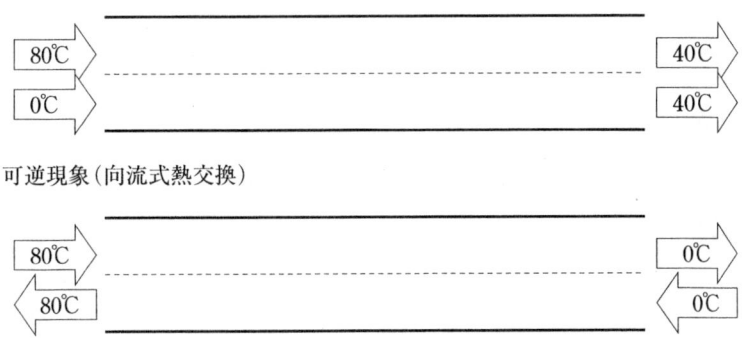

図1.7 80℃と0℃の流体の熱交換の例

いずれも同一流量で流し，熱交換器の長さは無限大，熱損失がないと仮定している．併流式では一旦温度が低下すると元には戻らないが，向流式では可逆的に完全に戻すことができ優れている．このとき前者ではエントロピーが増加し，後者では変化していない．

---

[3] このほかにも直交するように流通させる十字流方式の熱交換がある．

理論的には 0℃ の水は 80℃ まで上昇することが可能である．したがって，後者では得られた 2 流体を入れ替え，再び同様の操作を行うことができるため，可逆的な現象とみなすことができる．

この 2 つの流体熱交換の例で，併流式により一旦 40℃ まで下がってしまったお湯は，別途何かのエネルギーを加えることなしには再び 80℃ に戻すことができず，我々はここで何かを失ったことを感じる．断熱性が良く，熱損失がないにもかかわらず，このような不可逆現象が起こる際に損をしたと感じるのは一体何故なのだろうか．

1.1.4 エントロピーと熱力学第 2 法則

エントロピーとは乱雑さを表す用語で，不可逆現象に由来する．1865 年にドイツの数理物理学者クラウジウス（R.J.E. Clau'sius）が，ギリシャ語で変化を意味する言葉から最初に命名した．

図 1.8 は高温と低温の気体の混合の例を示している．仕切りを取り除いた瞬間，気体 A と気体 B の分子は混合を開始し，熱は高温の物質から低温の物質へと伝達され，断熱された定常状態では平均温度に到達する．一般に絶対温度 $T[\mathrm{K}]$ の物体が $Q[\mathrm{J}]$ の熱量を受けたとき，物体のエントロピー S は Q/T だけ増加したと定義する．

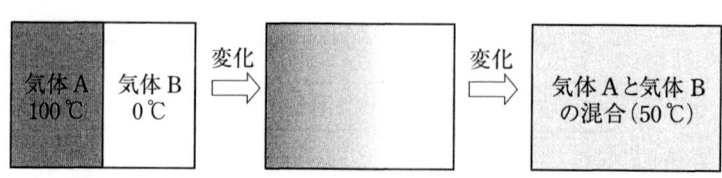

図 1.8 異なる温度の 2 種気体の混合の例（このときエントロピーが増大する）

$$\Delta S = Q/T \tag{1.3}$$

ある物質の比熱がわかっているとき，比熱を c，それぞれの物質の温度を $T_1, T_2, \cdots$，それぞれの物質間で移動する熱を $L_1, L_2, \cdots$ とすれば，温度 T でのエントロピー S は次式で表せる．

$$S = \int_0^\tau \frac{c}{T} dT + \sum_i \frac{L_i}{T_i} \tag{1.4}$$

　このエントロピーという状態量を定義し，エントロピーの増大が不可逆的なものであることを明確にしたことで，熱力学や統計力学の基礎ができたといわれている．エントロピーはあらゆる変化で増加方向，すなわち，不可逆性が増大する方向に進む．このエントロピー増大の法則を**熱力学第2法則**という．エネルギーを有効に利用するためには，なるべく不可逆性を増大させないような操作を選択することが重要となる．

　熱力学第1法則が状態変化においてのエネルギーの保存を述べているのに対し，第2法則は状態変化の起こる方向についての基本法則である．表現方法は色々あるが，エントロピー増大則と記憶すればよい．熱力学の創始者の一人であるクラウジウスは，

「熱が高温度の物体から低温度の物体に，他の何らの変化をものこさずに移動する過程は不可逆である」

と表現した．これを**クラウジウスの原理**という．また，ケルヴィン卿として知られるトムソンは

「仕事が熱にかわる現象は，それ以外に何の変化もないならば不可逆である」

と述べている．これを**トムソンの原理**という．

　第2法則は不可逆性に関する法則であることに注意すると，「覆水盆に返らず」という諺が示すように，我々は既に経験則として知っていることに気がつく．熱力学第1法則がわずか160年前に確立された新しい法則であるのに比べて，はるか昔から経験的に第2法則が認知されていたのである．そのため，ある熱力学の国際会議では，ロシアの研究者が "Consider the second law, first!"（省エネに対して，第2法則をはじめに考えよう）とその重要性を訴えていた．

　また**絶対零度**とは，かぎりなく近づくことはできるが，決して到達できない温度とされており，絶対零度のときのエントロピーの値は0と定義されている．これを**熱力学第3法則**と呼ぶ場合がある．

> **【コラム4 覆水盆に返らず】**
> 一度したことは取り返しがつかないし，元通りにすることはできないことの例え．釣り師として有名な太公望は，別れた妻が復縁を懇願したとき，水の入ったお盆をひっくり返し「水をお盆に戻せたら再婚してやろう．」と言い追い返したことに由来する．（拾遺記）欧米でも類似の諺がある．
> It is no use crying over spilt milk.
> （ひっくり返してこぼれたミルクを嘆いても仕方がない．）

1.2 次元解析と物質・エンタルピー収支

　鉄鋼，化学，窯業（セメント）および紙・パルプは，エネルギー多消費4業種と呼ばれる．これらの産業には莫大な量の石炭，石油，天然ガスなどの化石燃料が流入している．ただし，個々の工場では省エネルギーが行き届いており，1990年レベルに比べて消費化石燃料はほぼ横ばい（-0.02%）の状態にある．反対に化石燃料消費の伸びが著しいのは，自動車・船舶などの運輸（$+19.5\%$），オフィスビル（$+36.9\%$）や家庭（$+28.9\%$）などの民生部門である．そのため現在，特に運輸や民生におけるエネルギー有効利用の促進が強く求められていて，環境省では中核的地球温暖化対策技術を設定するに至っている．

　これらのエネルギー多消費の各産業，運輸，民生などに関係する各プロセスでは，化学反応を含む流動，伝熱，物質移動の各現象が複雑に生起している．プロセス解析者は，これらの現象を精度良く予測する数学的モデルを開発するために，移動現象論の知識が要求される一方，いくつかの単位プロセスから成立するシステム全体を把握するための解析手法の知識も重要となる．本章では次元解析と収支法の観点から工業プロセス解析に対する基礎的事項を確認することにしよう．

　一般に理想的なプロセス解析は以下の手順に従って進められる．

0) 操業データ，物性値および輸送パラメータ等の単位を全てSI単位系に統一する．
1) 定常流れ系を仮定して物質収支を確認する．
2) 熱収支あるいは修正エンタルピー収支をとる．
3) エクセルギー消費量（プロセス駆動のエネルギー）を評価する．
4) プロセス内の移動現象のモデル化を行い，操業データと比較しその妥当性

を検証する．
5) 開発した数学的モデルにより，未知の操業条件に対し数値シミュレーションを行う．
6) 経済性，安全性，生産性，環境，投入エネルギー，エクセルギー消費等の観点からプロセスシステムの最適化を行う．

　本章では上記の手順を念頭において，1), 2) に関し説明し，3) のエクセルギー解析は第2章で述べる．0) は解析のための準備，1) から3) は平衡論的解析，4), 5) は速度論的解析，6) はプロセスシステムの設計と分類することができる．

1.2.1　単位と次元

　単位系としては，従来，絶対単位系（CGS, MKS系），重力単位系および工学単位系が使用されていたが，1960年に国際単位系（SI：Systematic International d'Unites ［仏］）が統一単位として成立し，今日ではSI単位系が一般的となっている．最近では国際化の進展とともに，法定単位制としてSI単位を採用する国が増加し，非SI単位による製品を受け入れない国もでてきた．1988年米国ではこれが貿易障害となっていることを認識し，軍部も含め政府機関にメートル法の使用を義務づけた．EC諸国では，SI単位への切り替え目標期限を1992年と定めたおかげで一定の成果を得ている．

　この単位系の利点は7個の基本単位により各単位が誘導され，前節で述べたように換算係数が全く不要（$J = N \cdot m = Pa \cdot m^3 = W \cdot s = C \cdot V = A \cdot Wb$）であるという点にある．また，これは機械，熱および電気的エネルギー間のエネルギー変換の原理を見事に表現している．また，SI単位系では，必要に応じてk（キロ），m（ミリ）などの接頭語を付して10の整数乗倍の単位を作ることが許されている．単位の換算表をAppendix I 付表 I -2 に示した．物理現象を表現する式は，理論式および経験式に大別できるが，式に含まれる各項の単位をチェックすることにより，思いがけない勘違いや誤りを防ぐことができる．また，経験式は時として次元が不統一であり，理論的に不合理なことがあるので十分な注意を要する．

1.2.2　次元解析

複雑に諸現象が絡み合い，純粋に理論だけでモデル化できない場合は，実験によって各操作条件が及ぼす影響を定量化することがある．この場合，実験に先立ち，諸変数の相互関係を**次元解析**（dimensional analysis）することによって，不完全ではあるが予想することができる．その要旨は「ある物理現象に関係している変数の個数を n，全ての変数中に含まれる基本単位の数を m とするとき，その現象は $(n-m)$ 個の無次元数の積として表現できる」というもので，π（パイ）**定理**と呼ばれる．この定理の応用を次の例題によって示す．

【例題 1.1】 管内に球形粒子を充塡しガスを流通している．単位長さ当たりの圧力の低下（圧力損失）$\Delta p/l$（l は管の長さ）に及ぼす因子は，粒子径 d_p，平均流速 u，ガス粘度 μ，ガス密度 ρ のみと考えて，次元解析により無次元関係式を求めよ．

解） 次元の統一が取れていなければならないので，次の関係が成立する．

$$\Delta p/l = A d_p^a u^b \mu^c \rho^d \tag{1.5}$$

ここで，A は無次元定数である．この式が次元的に正しいとすれば，

$$[\mathrm{kg/m\,s^2}] \times [1/\mathrm{m}] = [\mathrm{m}]^a \times [\mathrm{m/s}]^b \times [\mathrm{kg/m\,s}]^c \times [\mathrm{kg/m^3}]^d \tag{1.6}$$

が成立しなければならない．ここで，長さ [m]，質量 [kg]，時間 [s] に関してそれぞれの指数に着目すると次の関係が得られる．

長さについて；$-2 = a + b - c - 3d$ (1.7)

質量について；$1 = c + d$ (1.8)

時間について；$-2 = -b - c$ (1.9)

しかし，未知数 4 で，式数 3 であるからこれらの式は完全には解くことができない．そこで c を未知のまま残すとすれば，次式が得られる．

$b = 2 - c$ (1.10)

$d = 1 - c$ (1.11)

$a = -1 - c$ (1.12)

これを元の式に代入してまとめると，

$$(\Delta p d/l u^2 \rho) = A(\rho u d_p/\mu)^{-c} \tag{1.13}$$

となり無次元項の関係式が得られる．変数が 5，次元が 3 であるため，定理に

より，無次元項は2個となる．式中の定数 A および c は実験的に求めねばならない．

ここで，右辺の $\rho u d_p/\mu (= \mathrm{Re})$ は，流れの状態を示すレイノルズ数という重要な無次元数である．一般に妥当な結果を得るためには，無次元数に対してかなりの予備知識が必要とされる（Appendix II 付表 II − 1 参照）．

このように，次元解析は独立した関係因子から無次元数のグループを得る方法として，極めて有効である．しかし一方で，形式的な方法であるため，物理的意味がわかりにくいことや，一般的でない不適切な無次元数群が得られることがある．そのためマクロな観点から，一時的に現象を整理するのに適した方法として使用すべきであろう．

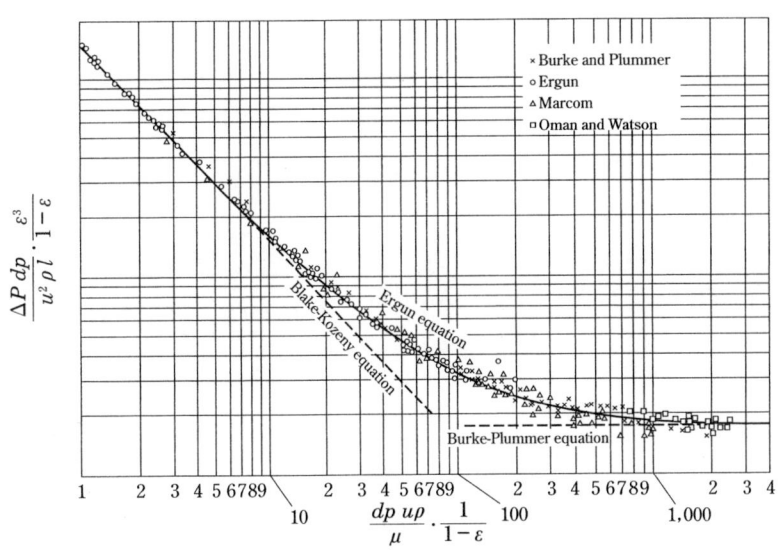

図 1.9 修正摩擦抵抗係数とレイノルズ数の関係

簡単な次元解析により，一見複雑に見える現象を整理できることはとても興味深い．身の回りの事象に関して適用してみると，意外な式で精度よく再現できる可能性を秘めており，新しい無次元数を見出すことができるかもしれない．この解析においては関係すると考えられる物性値を決めることが重要であり，関連するすべての値を経験によりあらかじめ拾い出すことが重要である．

1.2.3 収支式の確認

一般にプロセスとは変化を表し，変化は化学的変化と物理的変化の2つに分類できる．化学的変化とは，物質の組成変化をもたらす化学反応や生体反応のことであり，物理的変化とは，温度，圧力，混合状態および相の変化を意味する．すなわち，後者には，加熱や冷却，圧縮や膨張，分離や混合，溶解や凝固，昇華や蒸留および凝縮などの操作が対応する．ただし，プロセスはこれらのうち1つだけが起こる単一変化でもよいし，2つ以上が同時に生じる複合的変化でもよい．

操作は大きく分けると回分（バッチ）式と連続（あるいは流通）式に分類することができる．前者では原料をオートクレーブのような密閉式圧力容器に仕込み，十分に攪拌し完全混合させ，所定時間を経た後，製品を回収する．一方，大規模な工業プロセスは，連続的に原料および燃料などを投入し，製品を一定速度で回収する連続式になっている場合が多い．これは大規模なほうが単位体積当たりの表面積が減り，熱効率が向上するためである．ただし，回分式でも2個以上の容器を並列に組み合わせることにより連続化に近づけることができ，この場合を**セミバッチ方式**と呼ぶ（図1.10参照）．

プロセスには物質が流入し，変化し，流出する．エンタルピー，エントロピーを計算するために，これら物質の相（Phase），組成（Composition），温度

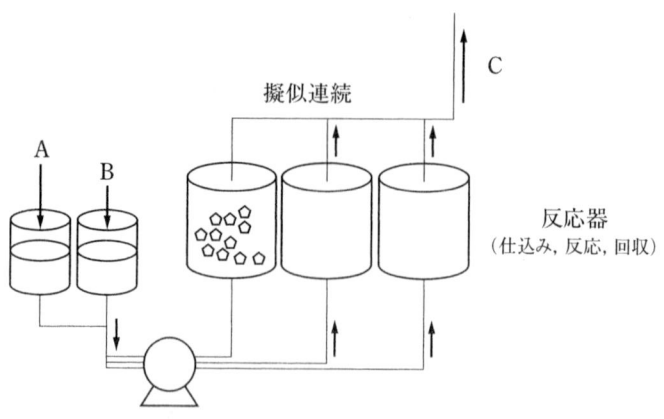

図 1.10 セミバッチ（半回分）式プロセスの概略
バッチ（回分）式プロセスをいくつか並列に組み合わせることにより，擬似的な連続化が可能になる．

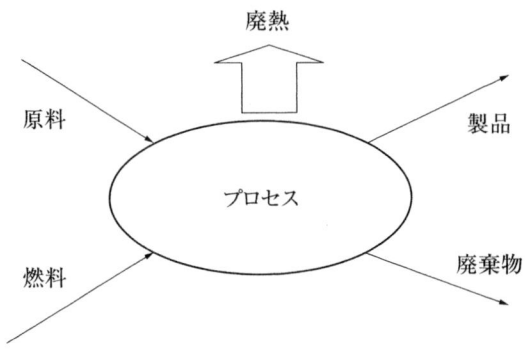

図1.11 プロセス表記の例

一般的な生産プロセスでは，原料と燃料が流入し，製品ができると同時に不可逆的に廃棄物が発生し，流出する．同時に廃熱が冷却水や放射により大気に放出される場合が多い．この観点から製造プロセスを眺めると理解しやすい．工業的装置では廃熱は投入エネルギーの5〜20%となることが多い．さらに製品や廃棄物の顕熱を回収しないとさらに廃熱が増えることになる．

(Temperature)，圧力（Pressure）および流入出速度が必要となる．2PCTと頭文字で記憶すると覚えやすい．図1.11に示すように，物質の流入，流出を実線矢印，プロセスを丸で表現すると，どんなに複雑なプロセスでも簡単に記述することができて便利である．ここで白抜き矢印は**仲介エネルギー**と呼ばれる．そのプロセスによって生じるエネルギー（仕事または熱）を表し，方向によって放出か取込みを表すことができる．連続流れを境界面で囲まれる仮想空間内で考えると，収支式は一般的に次のように書き表すことができる．

$$\text{流出量} - \text{流入量} = \text{蓄積量} \tag{1.16}$$

量の対象を物質とするか，エンタルピーとするかによって，それぞれ物質収支式，あるいはエンタルピー収支式となる．定常流れ系においては系内の蓄積量は0となるから，流入量と流出量は等しくなる．さらに，体積変化が自由にできるのでエンタルピー ΔH はエネルギーとして取り扱ってよい．工業的プロセスを取り扱う場合は，ほとんどこのように考えて問題ない．一方，オートクレーブのように密閉系で体積変化しない場合は，内部エネルギー ΔU を計算する必要がある．

1.2.4 物質収支

物質収支は諸計算の基準となるものであり，すべての計算はこれからはじまると言っても過言ではない．反応を含むプロセスの物質収支をとる場合，全体としての物質のモル数変化を伴うことがあるため，質量基準の物質収支を基本にすると便利である．

【例題 1.2】 通常，オペレーターは時間の関数として操業を管理している．物質収支を取りやすくするために次の連続操業の生データを製品質量当たりに変換せよ．

(生データ)

原料 A　80 [kg/hr]　　　製品 P　20 [kg/hr]
燃料 B　120 [kg/hr]　　副生ガス G　200 [Nm³/hr]

解) 製品 P で割り付ければよい．

(生データ)　原料 A　40 [kg/kg-p]　　製品 P　1.0 [kg/kg-p]
　　　　　　燃料 B　60 [kg/kg-p]　　副生ガス G　10 [Nm³/kg-p]

【例題 1.3】 1日に3回仕込み，製品を取り出しているバッチプロセスがある．物質収支を取りやすくするため次の生データを製品質量当たりに変換せよ．

(生データ)

原料 A　30 [kg], 35 [kg], 33 [kg]　　製品 P　10 [kg], 12 [kg], 12 [kg]
燃料 B　55 [kg], 50 [kg], 55 [kg]　　副生ガス G　200 [Nm³], 260 [Nm³], 240 [Nm³]

解) 3回の平均を取って製品 P で割り付ければよい．

(生データ)　原料 A　2.9 [kg/kg-p]　　製品 P　1.0 [kg]
　　　　　　燃料 B　4.7 [kg/kg-p]　　副生ガス G　20.6 [Nm³/kg-p]

一例として時定数の大きい製鉄業における製銑[4]プロセスの場合，例えば，1か月間の操業データの平均値を使用することにより，変動要因を減じるとと

---

[4] コークス炉，焼結機，高炉など製鉄法の上の工程のことを指す．

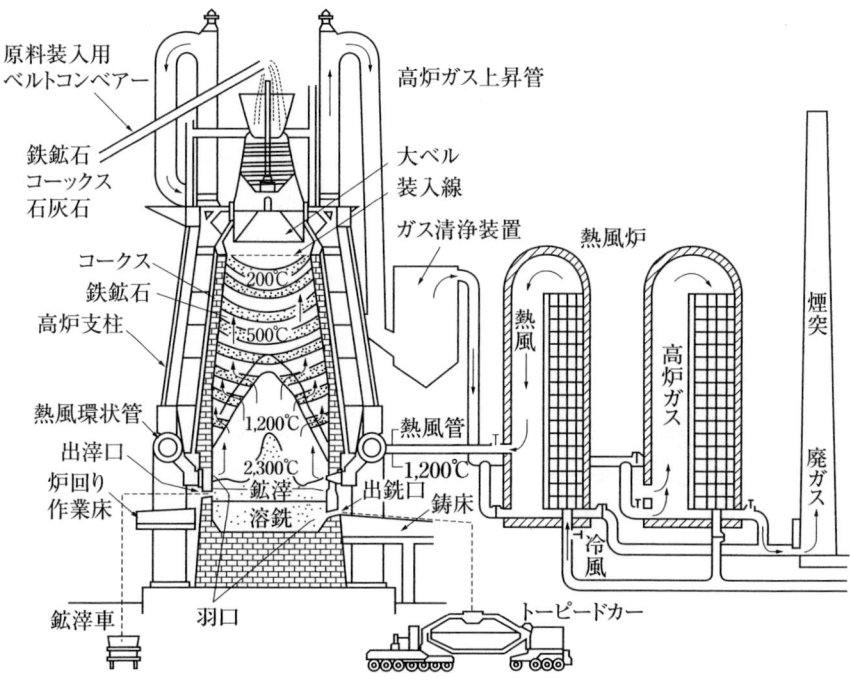

図1.12 製鉄用高炉プロセスの概略

高炉へは炉上部から装入物（鉱石類，コークス），下部周辺部から熱風が流入し，炉頂部からガス，ダスト，下部から溶銑，鉱滓（スラグ）が流出する．通常，炉体放散熱は5〜10%である．

もに，許容範囲内でデータを操作し，少なくとも主要元素の収支を完全に一致させておく必要がある．ただし，それは容易な操作ではない．そのため各元素に注目して多元連立方程式を解くか，エクセルなど表計算ソフトを駆使して試行錯誤的に求めることになる．

後者により製鉄用高炉（図1.12参照）の物質収支をとった例を表1.1に示す．表1.1上は装入物（Raw Materials）を各元素に分けて整理したものである．また，下の表は装入物の他，コークス，送風ガス，炉頂ガス，銑鉄，スラグおよび炉頂からのダストについて，各元素の総括物質収支を示す．これによりほぼ流入，流出量は等しいことを確認した．この計算は以下の手順に従った．

1) C（炭素）の収支が合うように炉頂ガス量を決定．その際，排出ガス中のCO/CO_2分析値を使用．

2）炉頂ガス分析値より炉頂でのN（窒素）の流出量を決定．

3）Nの収支が合うように使用空気量を決定．

4）送風ガスの分析値より，吹き込み水分量を決定．

5）Ca（カルシウム）の収支よりスラグ中のCaO量を決定．

6）スラグ分析値とCa収支より，スラグ中の各元素量を決定．

7）生産される銑鉄中への鉄分の歩留まりを考慮して，装入鉄分から銑鉄中の鉄の量を決定．

8）銑鉄の分析値より，その他の元素の量を決定．

このように流入出量が多い，C，N，Ca，Feなどの元素の注目することがコツである．実際の鉄鋼，化学など工業システムではいくつかの単位プロセスが様々な形で結合されている．このようなプロセスシステムの物質収支を行うには，全体の物質の流れ形態を的確に把握し，状況に応じて便利な境界面を個々に設定することが肝要である（図1.13）．

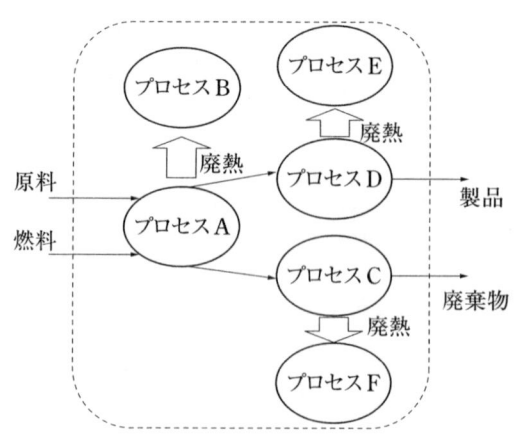

図1.13 プロセスシステム表記の例

工業的装置プロセスAから高温で排出された製品,廃棄物が大気中で冷却される場合を示している．複数のプロセスから成立するシステムを解析する場合は,どの範囲に境界線を設けるかが重要となる．プロセスD, Cは冷却，プロセスB, E, Fは大気の加熱（後述する熱溜）であり，いずれも装置としては存在しないが，プロセスとして設定する必要がある．

表 1.1 製鉄用高炉の物質収支の例（単位は kg/t-HotMetal）

	Ratio(%)	Rate(kg/t)	MW	O	H	C	N	Fe	Si	Al	Ca	Mg	Mn	P	S	Ti
Fe₂O₃	79.10	1276.45	159.70	383.66				892.80								
Fe₃O₄	4.93	79.61	231.55	22.00				57.60								
SiO₂	4.33	69.90	60.10	37.22					32.68							
Al₂O₃	1.71	27.67	102.00	13.02						14.65						
CaO	7.43	119.89	56.10	34.19							85.70					
MgO	1.39	22.49	40.30	8.93								13.56				
TiO₂	0.23	3.75	79.90	1.50												2.30
Mn	0.25	4.05	54.90										4.05			
H₂O	0.62	9.97	18.00	8.86	1.11											
計	100.00	1613.75		509.39	1.11	0.00	0.00	950.40	32.68	14.65	85.70	13.56	4.05	0.00	0.00	2.30

	O	H	C	N	Fe	Si	Al	Ca	Mg	Mn	P	S	Ti	計
流入														
鉄原料	509.39	1.11	0.00	0.00	950.40	32.68	14.65	85.70	13.56	4.05	0.00	0.00	2.34	
コークス	29.40	0.00	438.80	0.00	4.92	15.98	8.89	1.24	0.51	0.01	1.20	2.07	0.54	
送風ガス	379.24	4.97	0.00	1105.37	0.00	0.00	0.00	0.00	0.00	0.00	0.00	0.00	0.00	
計	918.03	6.08	438.80	1105.37	955.32	48.66	23.54	86.94	14.07	4.06	1.20	2.07	2.88	3607.02
流出														
炉頂ガス	791.62	6.08	385.84	1105.37	0.00	0.00	0.00	0.00	0.00	0.00	0.00	0.00	0.00	
銑	0.00	0.00	45.30	0.00	947.30	2.60	0.00	0.00	0.00	2.90	1.20	0.24	0.50	
スラグ	122.79	0.00	0.00	0.00	0.88	49.02	24.43	86.39	13.50	0.95	0.00	0.00	2.14	
ダスト	3.61	0.00	7.66	0.00	7.15	0.21	0.09	0.55	0.09	0.03	0.00	0.00	0.02	
計	918.02	6.08	438.80	1105.37	955.32	51.83	24.52	86.94	13.59	3.88	1.20	0.24	2.66	3608.45
流入−流出	0.00	0.00	−0.00	0.00	−0.00	−3.17	−0.98	0.00	0.49	0.18	0.00	1.83	0.23	−1.44
Error (%)	0.00	0.00	−0.00	0.00	−0.00	−6.51	−4.16	0.00	3.45	4.53	0.00	88.24	8.10	−0.04

1.2.5 修正エンタルピー

化学プロセスに伴うエネルギー変化は，前出の熱力学第1法則に基づくエネルギー保存則により与えられる．熱力学的な状態量[5]はエンタルピー（H）で表され，反応熱など，出入する熱エネルギー量はエンタルピー差に等しい．潜熱や顕熱以外に化学反応を伴うプロセスに対しては，エンタルピー収支をとる必要がある．工業炉の熱収支（熱勘定）では，熱収支の際に一部，化学反応に伴う熱量変化を考慮して計算する方法をとっている．しかし，この方法は反応が同時に多数生じている場合は大変複雑となり，不適当である．反応熱の考慮の仕方によって結果が異なってくる場合があるからである．そのため，例えば製鉄用高炉の熱精算の方法（に対する熱収支のとり方）には3つの方法が提案され，初学者には極めて理解しづらくなっている．この不都合と煩雑さを解消する方法が**エンタルピー収支**である．

エンタルピー収支は定常流れ系では次式で与えられる．

$$\text{流入成分のエンタルピー} + \text{流入熱量} = \text{流出成分のエンタルピー} + \text{流出熱量} + \text{エンタルピー損失} \quad (1.17)$$

この方法ではプロセス内で生じる反応式を考慮する必要がなく，反応熱も特に意識する必要はない．ただし，エンタルピーは状態量であるので，同一基準のもとに与えられる値を使用せねばならず，基準状態のとり方によって値が異なってくるので注意を要する．一般に用いられる規準状態（reference state）は，298.15 [K]（= T_0），0.101325 [MPa]（= p_0）における単体のエンタルピーを0と定義して，化合物のエンタルピーを定めている．これを**規準生成エンタルピー**あるいは**規準生成熱**と呼び，ΔH_0 の記号で表している．この定義によると，C（炭素）のエンタルピーは0であり，CO_2, (g) のエンタルピーは -393.5 [kJ/mol] と負になってしまう．これでは負のエンタルピーが流入出することになり，実用上不便である．そこで，修正エンタルピー法では，規準状態として温度 T_0 の酸化物 CO_2 (g) を採用している．すなわち，温度 T_0 における C

---

[5] 物質系または場の巨視的な状態について定まる量のことを状態量という．例えば，物体のそれぞれの熱力学的状態について，温度や圧力，体積，内部エネルギー，エントロピーなどの量が定まり，それらの数値の組を与えれば，その状態が定義できる．

のエンタルピーを393.5 [kJ/mol] とし，CO_2 のエンタルピーを0とする．この方法では，エンタルピーの規準を単体の変わりに，酸化性雰囲気である自然界に大量に存在する物質，つまり，熱力学的に安定な物質を選んでいる．例えば，O_2, N_2, H_2O (l), Fe_2O_3, $CaCO_3$, Al_2O_3 などである［Appendix II 付表 II-2参照］．修正エンタルピー法における水素の規準エンタルピーは次式のように求めることができる．

$$H_2 + 0.5O_2 = H_2O(l) + 285.8 [kJ] \quad (1.18)$$

H_0, H'_0 をそれぞれエンタルピー法，修正エンタルピー法における規準エンタルピーとすると，エンタルピー変化は次式で表せる．

$$H_0(H_2O) - H_0(H_2) - 0.5\,HO(O_2) = H'_0(H_2O) - H'O(H_2) - 0.5\,H'_0(O_2) \quad (1.19)$$

$$H_0(H_2) = H_0(O_2) = H'_0(H_2O) = H'_0(O_2) = 0$$

であるため，

$$H_2(H_2) = -H_0(H_2O) = 285.8 \ [kJ]$$

となる．このようにして全ての物質について規準エンタルピーを算出することができる．

一方，流入出する熱量は定圧モル比熱 Cp を用いて，次式で計算できる．

$$H(T) - H(298.15) = \int^T Cp(T)dT = Cp'(T)(T - 298.15) \quad (1.20)$$

ここで $Cp'(T)$ は平均比熱 $[\int^T Cp(T) dT / (T-298.15)]$ を表す．通常の熱力学データ集には各温度における比熱が与えられているので，それから平均比熱を関数の形で整理しておくと便利である．例えば Barin & Knacke のデータ集は比熱 Cp[J/molK] が $a + bT + cT^{-2} + dT^2$ の形で与えられている．そのため分子量 M の物質の温度 T における平均比熱 $Cp'(T)$[J/kg・K] を与える関数は $(A + BT + CT^{-2} + DT^2)$ (4.184/M) の形で整理できる．

1.3 まとめ

1) エネルギーとは仕事をする能力のことである．エネルギーを有効に使用す

るためになるべく熱を発生させず，不可逆性の度合いが小さなエネルギー変換を目指すべきである．ただし，エネルギーは変換を経て，最後は全て熱になる．

2）複雑現象の解析に対しては，マクロの観点からの次元解析が有効である．

3）プロセス解析の手始めとしては，物質収支を完全に確認した後，修正エンタルピー収支をとることが重要である．

第1章　演習問題

1-1　音，光，熱を通さない完全気密の部屋で100 [W] の電気ヒーターを使用するのと，同様の条件の部屋で，パソコン，白熱灯，テレビおよび冷蔵庫の合計100 [W] の4種類の電化製品を使用するのではどちらが熱の発生量が多いか比較せよ．

1-2　ジュールは新婚旅行のとき滝を見ながら，「この滝は水が落下するので，滝の上よりも下の滝壺のほうが，温度が高くなるであろう．」と考え，持参していた温度計で，測定をはじめたという．落差が100 [m] の滝で，落下する際の水の位置エネルギーが全て熱に変わるとすると水温は，何度 (K) 上昇するか．ただし，落下する水の初速度を0とする．

1-3　パソコンのエネルギー量に関して考察する．例えば，ノートパソコンの場合，16 [V] で4 [A] である．日本国民1.2億人の10%がパソコンを使用していると仮定するならばそのエネルギー量は原子炉の何基分に相当するか．ただし，原子炉1基は90万 [kW] とする．

1-4　1気圧のもとで，潜熱336 [J] の熱を加えて1 [g] の氷を溶かすと，エントロピーは，いくら増加するか．

1-5　粉体層を通る液体の流れに関しては，砂層中の水の流れに関するDarcyの式（半経験式）が有名である．

$$u = (k/\mu)(\Delta p/l)$$

ここで U は見かけの流速，k は透過率（permeability），μ は液体粘度，Δp は粉体層の圧力差，l は層高である．k は粉体層の物理的性質によって決まる定数である．次元を確認せよ．

1-6　修正摩擦抵抗係数とレイノルズ数の関係

充填層の圧力損失は Ergun 式で評価される場合が多い．この式では修正摩擦抵抗 f_k が層流抵抗（右辺第 1 項）と乱流抵抗（右辺第 2 項）の和として次式で表現されている．

$$f_k = (\Delta p d/lu^2\rho)\lceil \varepsilon^3/(1-\varepsilon)\} = 150(1-\varepsilon)/\mathrm{Re} + 1.75$$

この式と次元解析で求めた式とを比較し考察せよ．

1-7 管径 1 [m] の充填層に粒子径 1 [cm] の球形粒子を 5 [m] の高さに充填している．空隙率は 40% とする．この充填層に 20℃ の空気を 0.5 [kg/s] の流量で流す場合，圧力損失はいくらか．

1-8 NSP 式セメントキルン（図 1.14）の原理を調査し，表 1.2 に示す操業データの物質収支を確認せよ．

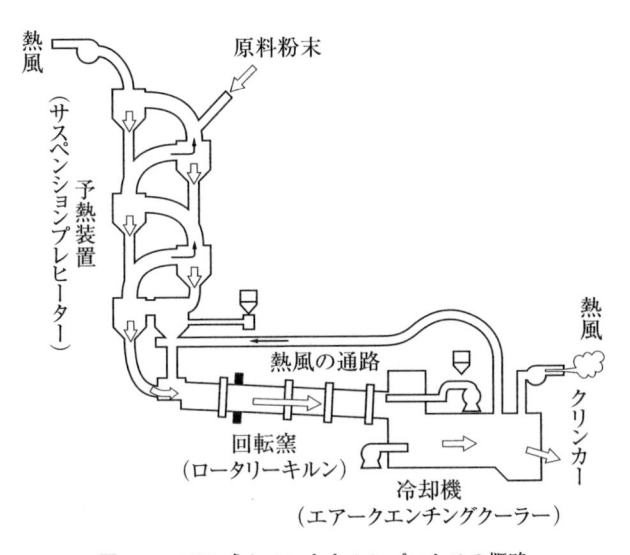

図 1.14 NSP 式セメントキルンプロセスの概略

石炭を燃焼させて石灰石を熱分解した後，SiO₂，Al₂O₃ などと反応させ 2CaO・SiO₂，3CaO・SiO₂，2CaO・Al₂O₃ などの化合物で構成されるクリンカーを得る．ニューサスペンションプレヒータ（NSP）と呼ばれるサイクロンを用い，熱風の一部を使用して原料を予熱することにより，大幅な省エネルギーを達成している．

表 1.2 NSP 式セメント

(上段は原料の組成(石灰石,石炭灰,砂,鉄鉱石,ダスト,石炭(キルン用),石炭(仮いる)

Component	石灰石	石炭灰	砂	鉄鉱石	ダスト	石炭(キルン用)
mass%						
CaCO₃	98.6					
CaO		8.15		7.08	48.03	1.46034
SiO₂		44.74	100	5.14	17.72	8.0199
Al₂O₃		32.84		1.75	25.32	5.8824
MgO	1	3.84		1.00		0.68913
MnO		0.04		0.49	2.6	
Fe₂O₃	0.40	5.83		84.34	6.33	1.0431
H₂O				0.2		0.75
C						70.4
O2						6.94
N2						1.03
S		4.56				0.11
H2						3.67
計	100	100	100	100	100	99.994948

流入				Composition ton				
Material	(%)	Unit(t/h)	CaCO₃	CaO	SiO₂	Al₂O₃	MgO	MnO
石灰石	79.7	137.0043	135.0862	0	0	0	1.370043	0
石炭灰	7.3	12.5487	0	1.022719	5.614288	4.120993	0.48187	0.005019
砂	10.4	17.8776	0	0	17.8776	0	0	0
鉄鉱石	1.2	2.0628	0	0.146046	0.106028	0.036099	0.020628	0.010108
ダスト	1.4	2.4066	0	1.15589	0.42645	0.609351	0	0.062572
石炭(キルン用)		4.7	0	0.068636	0.376935	0.276473	0.032389	0
石炭(仮焼用)		6	0	0.086288	0.473878	0.347578	0.040719	0
廃タイヤ		0.9	0	0.02817	0	0	0	0
スラッジ		1.2	0	0	0.0438	0	0	0
肉骨粉		1.6	0	0.3008	0	0	0	0
空気		156.14	0	0	0	0	0	0
計		342.44	135.0862	2.852349	24.87518	5.390494	1.945649	0.077699
(%)			(39.44815)	(0.832949)	(7.264098)	(1.574143)	(0.568172)	(0.02269)
流出		mass(%)	CaCO₃	CaO	SiO₂	Al₂O₃	MgO	MnO
クリンカー			0	67.32	22.52	5.34	1.72	0.07
ガ ス			0	0	0	0	0	0
ダスト			0	76.23288	16.36986	0.342466	1.506849	0.068493
計			0	143.5529	38.88986	5.682466	3.226849	0.138493
流出		Unit(t/h)	CaCO₃	CaO	SiO₂	Al₂O₃	MgO	MnO
クリンカー		100	0	67.32	22.52	5.34	1.72	0.07
ガ ス		226.9	0	0	0	0	0	0
ダスト		14.609	0	11.13	2.39	0.05	0.22	0.01
計		341.509	0	78.45	24.91	5.39	1.94	0.08

キルンの操業データ
焼用），廃タイヤ，スラッジ，肉骨粉，空気），中段は流入物質，下段は流出物質に対応して

石炭(仮焼用)	廃タイヤ	スラッジ	肉骨粉	空気
1.438136	3.13		18.8	
7.89796		3.65		
5.79296				
0.678652				
1.02724				
1.99	0.75	82.61	3.59	
69.5	85.14	7.03	42.02	
7	0.94	4.53	19.39	21
1	0.46	1.01	9.62	79
0.07	1.40	0.14	0.52	
3.6	8.18	1.03	6.06	
99.994948	100	100	100	

Fe$_2$O$_3$	H$_2$O	C	O$_2$	N$_2$	S	H$_2$	計
0.5480172	0	0	0	0	0	0	137.0043
0.73158921	0	0	0	0	0.572221	0	12.5487
0	0	0	0	0	0	0	17.8776
1.73976552	0.004126	0	0	0	0	0	2.0628
0.15233778	0	0	0	0	0	0	2.4066
0.0490257	0.03525	3.3088	0.32618	0.04841	0.00517	0.17249	4.699759
0.0616344	0.1194	4.17	0.42	0.06	0.0042	0.216	5.999697
0	0.00675	0.76626	0.00846	0.00414	0.0126	0.07362	0.9
0	0.99132	0.08436	0.05436	0.01212	0.00168	0.01236	1.2
0	0.05744	0.67232	0.31024	0.15392	0.00832	0.09696	1.6
0	0	0	32.7894	123.3506	0	0	156.14
3.28236981	1.214286	9.00174	33.90864	123.6292	0.604191	0.57143	342.4395
(0.95852407)	(0.354598)	(2.628706)	(9.90268)	(36.10244)	(0.176437)	(0.16687)	(99.99984)

Fe$_2$O$_3$	H$_2$O	C	O$_2$	N$_2$	S	H$_2$	計
3.03	0	0	0	0	0	0	100
0	2.8	40.74	2.16	54.25	0.05	0	100
1.71232877	0	0	0	0	0	3.767123	100
4.74232877	2.8	40.74	2.16	54.25	0.05	3.767123	300

Fe$_2$O$_3$	H$_2$O	C	O$_2$	N$_2$	S	H$_2$	計
3.03	0	0	0	0	0	0	100
0	6.3532	92.43906	4.90104	123.0933	0.11345	0	226.9
0.25	0	0	0	0	0	0.55	14.6
3.28	6.3532	92.43906	4.90104	123.0933	0.11345	0.55	341.5

1-9 コークス炉（図 1.15）の原理を調査し，表 1.3（章末に掲載）に示す操業データの物質収支を確認せよ．

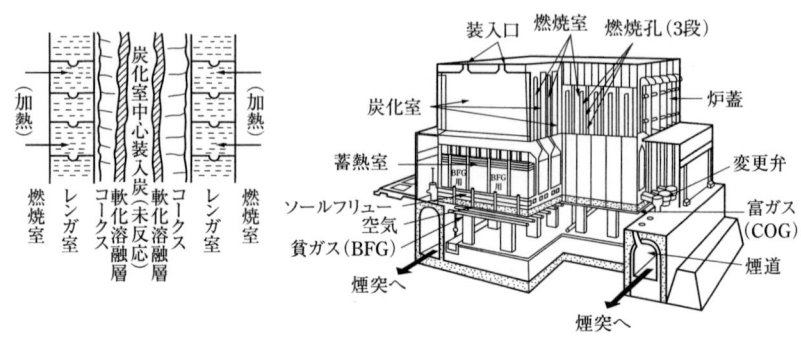

図 1.15 コークス炉の概略

(a) 石灰層は炉壁を通して間接的に加熱されるため，中心部の温度が低く，熱分解が遅れる．このような昇温速度の違いは，乾留ガスの発生タイミングの相違や乾留終了時のコークス品質の分布を招く．コークス炉の形式には数種類あるが，いずれも燃焼室と炭化室，蓄熱室を備えており，乾留に必要な高温を安定して得ると同時に，乾留ガスの損失を減らす工夫がなされている．熱源は製鉄所内で発生する高炉ガスやコークス炉ガス自身を使用する．
(b) コークス炉構造の一例（新日鉄式）．

表1.3　コークス炉操業データ

			C	H	N	S	O	SiO₂	Al₂O₃	Fe₂O₃	CaO	MgO	MnO
								60.09	102	159.7	56.08	40.31	70.94
流入													
原料炭	1567	kg/t-coke	77.0	5.194	1.4589	0.337	2.079	4.263	2.079	0.514	0.68	0.15	0.003
流出													
コークス	1088		86.4	1.05	0.08	0.03	1.4	6.15	3	0.74	0.97	0.216	0.006
Cガス	604.4	Nm³/t-coke											
Cガス中水分	54.41												
NH3	3.23	kg/t-toke		17.65	82.35								
H2S	4.614	kg/t-coke		5.9		94.1							
タール	66.08	kg/t-toke	93	4.7	1	0.5	0.2						
軽油	17.45	kg/t-coke	91	7.2	1	0.5	0.2						
その他炭化水素	59.55	kg/t-coke	87	11.2	1	0.5	0.2						
			H₂O	H₂	O₂	N₂	CH₄	CO	CO₂	C₂H₄	C₂H₆		高発熱量
			18	2	32	28	16	28	44	28	30		
流入													
原料炭	1567	kg/t-coke	6.200										7714
流出													
コークス	1088												7065
Cガス	604.4	Nm³/t-coke		57.7	0.2	2.4	27	7.8	2.2	2.2	0.5		
Cガス中水分	54.41		100										
NH3	3.23	kg/t-toke											5983
H2S	4.614	kg/t-coke									Ash=0.06		4073
タール	66.08	kg/t-toke											8881
軽油	17.45	kg/t-coke											9579
その他炭化水素	59.55	kg/t-coke											10614

第2章
エクセルギー概念に基づくシステム設計

2.1 エクセルギーとは

　第1章では，熱力学の基礎，物質収支，エネルギー収支の計算法について学んだ．本章では，これらの知識を踏まえ，環境・エネルギー問題を解決するための鍵を握るエクセルギーの概念を基礎的に理解した上で，これに基づく解析手法を身につける．

　近年，廃棄物の最終処分場不足や地球温暖化対策など環境やエネルギーに関する問題が深刻さを増し，今や人類の最重要課題と位置づけられるようになった．これらの問題は個別に論じられる場合が多いが，実は同じ問題として捉え直すことができる．例えば石油はエネルギー，木材は材料と一般的に分類されるが，前者はプラスチック原料，後者は燃料として使用されている．このように，エネルギーと物質は究極的には区別しないで論じるべきであろう．したがって，環境・エネルギー問題は，「エネルギーと物質循環の最適化問題」と換言することができる．ところが，未だに局所的に顕在化している廃棄物処理に代表される物質循環の問題や，バイオマス，風力，地熱，太陽光発電など，新エネルギーやエネルギー回収を全く別な次元で個別に議論しているのは残念なことである．

　それでは，「物質とエネルギーの最適化」とは一体何であろうか．最適化というためには必ず目的関数が必要である．目的関数の値を最大あるいは最小にすることが工学的な取り組みといえる．しかし，目的関数が共通認識として明確になっていないために，誰もが納得できるパラダイムの確立が切望されている．

そこで，本節では環境・エネルギー問題を解決する有望な戦略の一つである産業間連携を取り上げ，これを効率的にデザインするために必要な概念である「エクセルギー理論」を概説する．ただし，この節で述べるエクセルギー理論は汎用性が高いため，エネルギー関連のすべてのシステム設計に適用可能である．

2.1.1 我々は一体何者か？

135億年前に宇宙が誕生し，その後，太陽系が生まれたと推定される．宇宙とは，存在するすべての物質やエネルギーを含む時空である．漢字の宇宙という単語は中国の古典に，「往古来今，これを宙という．四方上下，これを宇という」(淮南子)とあり，すべての時間と空間を表していることに由来する．この定義によると，環境とは宇宙から自分を除いたすべての部分を指すことになる．

その後46億年前に地球が誕生したときには「火の玉」として均一であったものが，「水」(45億年前)が生まれ，次に「陸と水」(40億年まで)時代を経て，「生命」(25～20億年前誕生)時代を迎えた．さらに1万年前から人間が誕生した後は現在の「文明」時代に突入したとされる．地球は比重分離により重い順に内核，外核，下部マントル，上部マントル，大陸地殻，海洋地殻に分かれる．Fe，Niなどの重い成分が中心部に沈み，軽い成分，すなわち SiO_2 成分が地球表層部にいくに従い大きくなっている[1]．これらの分類に加え磁気圏，海，大気，生物圏を加えると10に分類される(図2.1参照)．今なお内核は4,300℃の温度を持つFe-Niを主成分とする巨大な金属の塊である．製鉄用高炉では鉄鉱石をコークスによって還元し，溶融することにより，溶鉄とスラグ(溶滓)に比重分離される．したがって，地球はまさに巨大な「高炉」といえないことはない(図2.2参照)．しかし，生物圏の次の分類，すなわち人間圏を独立して議論することには多少疑問がわく．我々人間とそれ以外の生物を区別して考えることは，エネルギー的観点から正しいのであろうか．別分類するほどの大きな違いが存在するのであろうか．また，区別することが正しいとし

---

[1] 地殻の定義は地表と海洋底を形成する岩石層である．大陸地殻では平均して35[km]，海洋地殻では5～10[km]の厚さがある．大陸地殻の上になる部分をシアル(SiとAlの成分が多い)，下の部分をシマ(SiとMgの成分が多い)という．

たら，一体いつどのようにして分離したのであろうか．さらに，今後もこの分類は維持されるのだろうか．

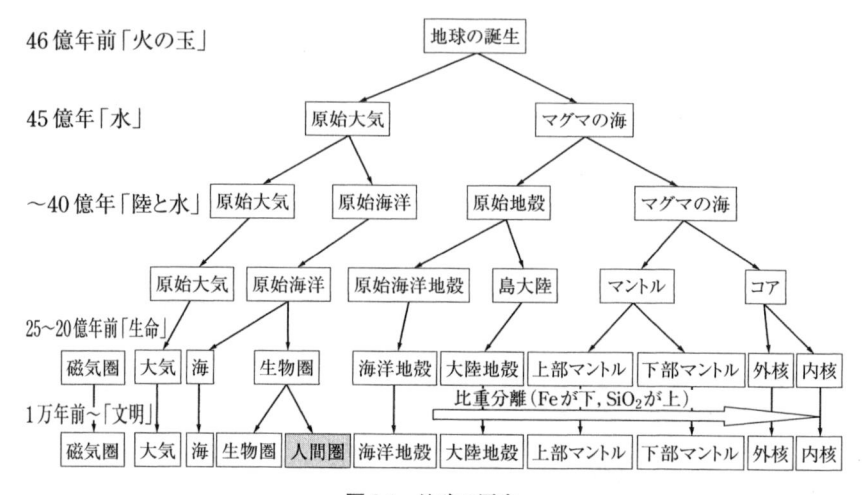

図2.1 地球の歴史
（松井孝典著：150億年の手紙，徳間書店，1995に基づく）

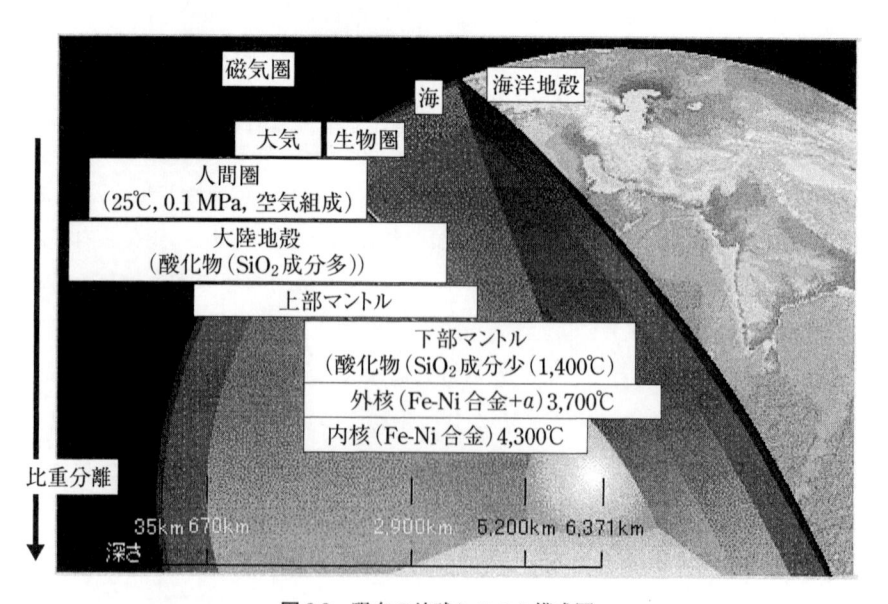

図2.2 現在の地球システム構成図

この関係を理解すると「廃棄」とは，人間圏プロセスから，隣接する大気，海，生物圏，海洋・大陸地殻プロセスへの物質の流出を意味し，「採掘」とは地殻プロセスから人間圏への流入を意味していることがわかる．

約1万年前以降，人間が食物の貯蔵を覚えた直後に文明時代がはじまり，人間圏は生物圏から独立したという見方がある．日本で言えば，旧石器時代や縄文時代の狩り・採集の移住生活の頃は人間は生物圏に属しており，金属器が伝来し，稲作を開始した弥生時代（紀元前4世紀以降）が人間圏の独立時期となる．

必要エネルギーの観点から考察してみよう．図 2.3 (a) は哺乳類の標準代謝量と体重の関係を示している．標準代謝量とは，生命を維持するために必要な食物を単位時間当たりの必要エネルギー量で表したものである．人間の体重を 60 [kg] と仮定すると，80 [W] でこの直線,すなわち生物圏ラインに乗る．

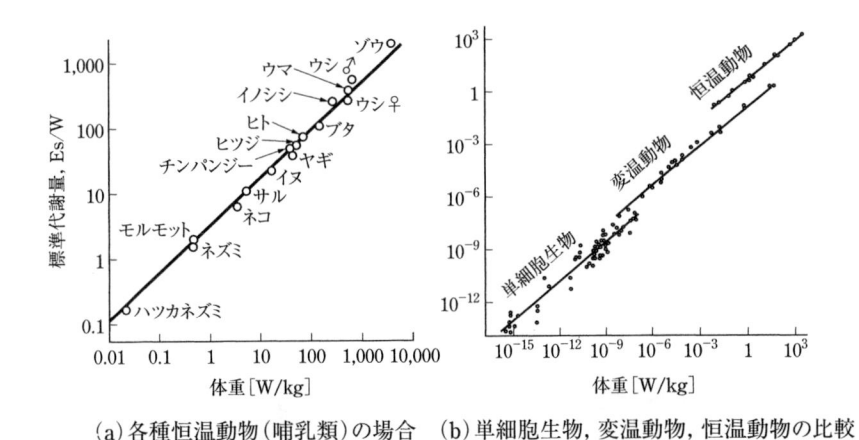

(a) 各種恒温動物（哺乳類）の場合　(b) 単細胞生物，変温動物，恒温動物の比較

図 2.3 標準代謝量と体重の関係（平成7年度環境白書，「ゾウの時間，ネズミの時間」）
　実際のヒトが必要とするエネルギーは体重4トンに相当し，このラインから大きくはずれることがわかっている．

しかし，最近の調査によると，人間は食料を世界平均で 130 [W] 消費し，それ以外にも 1,800 [W] 必要としているため，生命圏ラインのはるか上に位置している．前者は必要以上に「食」をとる，飽食を意味し，後者は「衣，住」などのために大量に投入される化石燃料に由来する．このため，この直線から逆算してみると，人間は体重約4トンの動物に相当するから明らかに現代人はこの哺乳類の必要エネルギーラインから逸脱しており，人間圏は食料貯蔵を開始した時点で，生物圏から分離しはじめたとみるのが妥当であろう．

【コラム5　標準代謝量10倍説】

図2.3 (b) は，生物の標準代謝量が単細胞から多細胞へ，変温動物から恒温動物へという進化の過程で，それぞれ10倍に増加することを示している．このように，現代人のエネルギー消費が他の恒温動物よりさらに1桁大きくなったという事実は，上述した生物圏から人間圏が独立したという意見を支持している．すなわち，現在の地球は，11番目の分類として人間圏を加えた11個の「圏」の間で「物質」と「エネルギー」を複雑に交換している巨大システムと考えることができる．

【コラム6　星の一生】

星の歴史を考えると惑星は最後には白色矮星になり消滅する．白色矮星とは星の進化の最終段階でつくられる高密度な星を指し，太陽程度の質量を持っているにもかかわらず，その半径は地球程度である．今後地球を構成するこれらの11プロセスは歴史とは逆に進行するであろう．すなわち，最近分離した人間圏は生物圏に取り込まれ，暫時統合されていき，最終的には「火の玉」に戻り地球は消滅する．現在は歴史的にはこの星は丁度中間，折り返し点に位置することになろう．このような歴史観を環境問題やエネルギー問題を考察する前に十分に認識しておく必要がある．

2.1.2　エクセルギーを支える本質的な2大法則（質量保存とエネルギー保存の法則）

「人間圏」にとって現在，深刻な物質と位置づけられる物質，例えば炭酸ガス，ダイオキシン類，フロンなども，それを構成する炭素や塩素やフッ素の総量は，「地球」にとっては不変であり，何ら実質的な問題ではない．「地球にやさしい」とか「地球環境問題」という言葉の「地球」は全て「人間圏」と読み替えた方がわかりやすい．「廃棄」や「採掘」とは，広義には「大陸地殻」や「海洋地殻」と「人間圏」間での物質の流入出プロセスを指していることをまず認識する必要がある（図2.2参照）．ではこの46億年の地球の歴史において，原子の組み替えは自由気ままに，何の法則にも従わずに行われてきたのだろうか．それとも神の意志でも働いたのだろうか．

【コラム7　質量保存則の歴史】

歴史的には原子レベルでの物質保存の考えは約2500年前に遡る．
-Everything is built up of tiny invisible block, each of which is eternal and immutable. Democritus-
紀元前500年頃にデモクリトス（ギリシャ）は，「すべてのものはそれ以上分割できない，究極的な，目に見えないちっぽけなブロックから構成されている」とした．これが原子説である．そしてそのブロックをアトムと名づける．A-tom は un-cuttable に

由来する．残念ながらこの概念は当時認知されず19世紀初頭のドルトンの出現まで待つことになるが．

　この原子説は，地球においてはC，H，O，N，Feなどの原子の総量は変化せず，組み替え作業を永遠に行ってきたことを教える．したがって，地球では物質は原子レベルで完全に保存される．廃棄物ゼロ，すなわちゼロエミッションである．ただ原子のパートナーが変化しているだけである．もちろん，流星やロケットなどその境界を出入する物質はまれに存在するが，地球の質量に対して無限小だろう．

【コラム8　ソフィーの世界】

− Why is *Lego* the most ingenious toy in the world ?　Sophie's World, 1996 −

　哲学のベストセラー「ソフィーの世界」では「なぜ，レゴ（ブロックのおもちゃ）は世界一超天才的なおもちゃなのか？」と少女に問い掛けた（図2.4参照）．レゴは分けられない．頑丈で穴なんかあかない．凹凸があってあらゆる形を作れる．このことから自然は組み合わさったり，またばらばらになったりするちっぽけな構成ブロックから成り立っていることを示した（本文抜粋）．そのため恐竜の体内にあった炭素原子が，今自分の体内に存在していても何ら不思議ではないだろう．

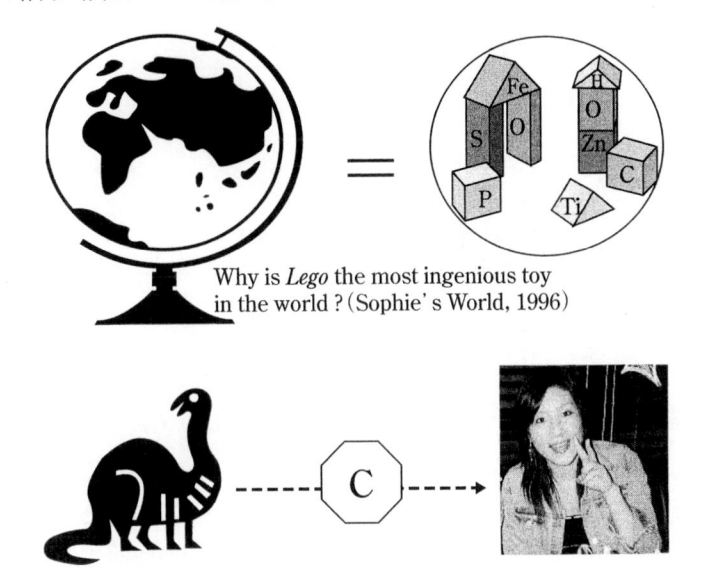

図2.4　原子のゆくえ
地球上の原子は保存されている（上図）．その量は変わることなく組合せが変わるだけである（下図）．

　地球システムにおける一般的な境界線は大気圏であるが，実際の解析では，まず，関心がある特定領域を指定するのが通例である．例えば反応器，熱交換

器，製鉄所，都市，あるいはもっと小さな領域内での変化でもよい．このような変化を**プロセス**と呼び，物理的変化や化学的変化，あるいは両者の複合変化から成り立つ．変化の大きさには制限はなく，複数のプロセスの集合体を**システム**と呼ぶ．特例として単一プロセス自身がシステムを構成する場合もある．

```
鉄鉱石, 1,430 [kg]                    鉄, 1,000 [kg/t]
           ──→  ┌─────────┐  ──→
                │ 還元プロセス │
石炭, 232 [kg]  └─────────┘  50%CO-50%CO₂, 14.8 [Nm³/t]
           ──→                ──→
```

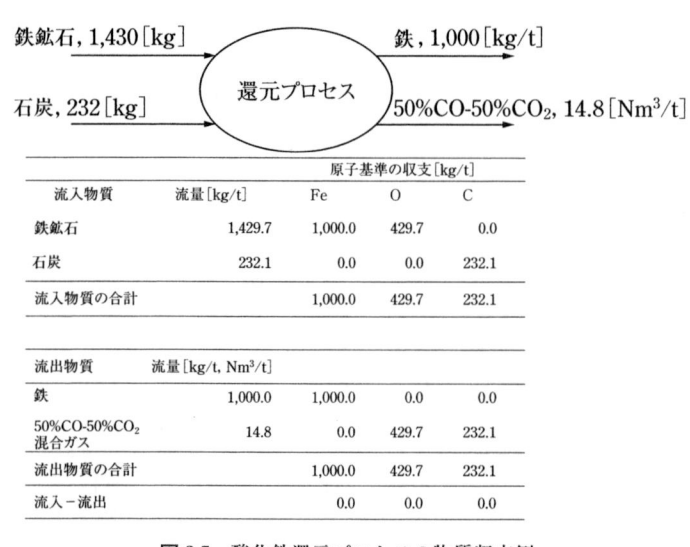

流入物質	流量[kg/t]	原子基準の収支[kg/t]		
		Fe	O	C
鉄鉱石	1,429.7	1,000.0	429.7	0.0
石炭	232.1	0.0	0.0	232.1
流入物質の合計		1,000.0	429.7	232.1

流出物質	流量[kg/t, Nm³/t]			
鉄	1,000.0	1,000.0	0.0	0.0
50%CO-50%CO₂ 混合ガス	14.8	0.0	429.7	232.1
流出物質の合計		1,000.0	429.7	232.1
流入−流出		0.0	0.0	0.0

図 2.5 酸化鉄還元プロセスの物質収支例

鉄を 1 トン製造するのに鉄鉱石 1,430 [kg]，石炭 232 [kg] を投入すると 50%CO−50%CO₂ 混合ガスが発生する．

ここで重要なことは，あるプロセスに出入りする物質の量は，原子のレベルで完全に収支がとれるということである．例えば，炭素（C）と酸化鉄（Fe_2O_3）の混合物を加熱し，金属鉄（Fe）とガス（CO および CO_2）が生成する連続プロセスが，定常状態で操業されているとする．このプロセスに関与する原子は C，Fe，O の 3 つであり，それぞれの原子について，単位時間当たりの流入量と流出量の差は必ず 0 となるはずである（図 2.5 参照）．このように，化学変化の前後で物質全体の質量が変わらないことを**質量保存の法則**という．例えば，マグネシウムを空気中で燃焼させると，酸化マグネシウムの灰が生成するが，この灰の質量は反応前のマグネシウムの質量とこれに化合した酸素の質量の和に等しい．

$$\text{Mg}\ (48.6\ \text{g}) + \text{O}_2\ (32\ \text{g}) \rightarrow 2\ \text{MgO}\ (80.6\ \text{g}) \tag{2.1}$$

第1章で述べたように，エネルギーもまた保存される．しかし，前述したように，その概念が定着したのは，物質保存の法則に比べて遅く，わずか150年ほど前のことである．物質は地球システム内でほぼ保存され閉じているのに対し，エネルギーは太陽から供給され，地表からも放射されるため，地球の持つエネルギー量には多少の変化の余地がある．エネルギー保存則は，エネルギーは自由に変換できるが，不生不滅でその量は一定であることを教えている．では不生不滅のエネルギーをどうやって大切にしたらよいのだろうか．

2.1.3 地球上で消費できるエネルギー—エクセルギー

我々がよく習う数ある法則のうち，経験に基づく法則は数少ないといえる．熱力学第2法則もその一つだろう．そのため表現方法がいくつもあって初学者には全く理解しづらい．一説によると一流大学の熱力学の講義で如何に懇切丁寧に教えたところで，80%以上の学生がこの法則を前にして講義についていけず苦手教科となる．この理由の一つに式の多さがあげられる．熱力学では100本以上の式の導出が可能である．ただしこれらの式はよほどの専門家でない限り不必要である．

本書ではエクセルギー（Exergy）による熱力学第2法則の表現は極めて簡単，明確に定義した．

「システム内でエクセルギーは必ず減少する．」（エクセルギー減少則）

システム内でエクセルギーの値はまれに変化しないことはあっても，絶対に増加することはありえない．エクセルギーとはエネルギーのうち使用可能なものを意味する．「エネルギー変換のたびに減少する」エネルギーこそまさにエクセルギーを指す．だから，我々はエネルギーではなく，無意識のうちにエクセルギーを大切に使うように心がけていることに気づく．

その命名者は東ドイツの熱工学者ラントで，1953年のことであった．この名前はVDI（ドイツ技術者協会）で1956年に正式な呼び名として採用され，東欧圏に定着していった．語源はギリシャ語で仕事を表すエルゴン（Ergon）に，外への意味を持つ接頭語exをつけたものである．直訳は「取り出せる仕

事」とでもすべきかもしれない．逆に使用不可能なものは**アネルギー**（Anergy）と呼ばれる．エネルギーはギブスの自由エネルギー変化（$\Delta G = \Delta H - T\Delta S$）と熱（$T\Delta S$）から構成される（図2.6 参照）．前者はすべて仕事に変換することができるが，後者はカルノー効率（$1 - T_0/T$）に制約される．そのため，両者の積からエクセルギーは $\Delta H - T_0\Delta S$，アネルギーは $T_0\Delta S$ で表現される．したがって，エネルギー（A/H）＝エクセルギー（$\Delta H - T_0\Delta S$）＋アネルギー（$T_0\Delta S$）の関係が成立する．エクセルギー減少則はエネルギー変換において使用可能なものから使用不可能なものへ変化することを示している．

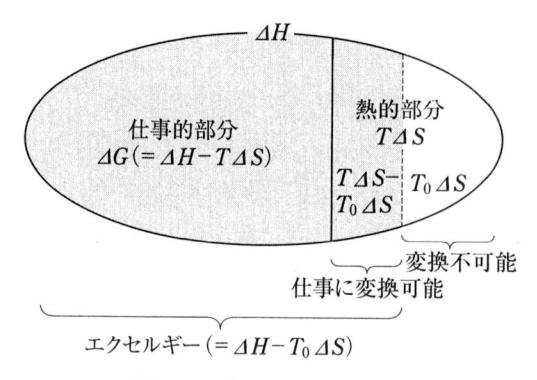

図 2.6 エネルギー ΔH の中身

　仕事的部分はギブスの自由エネルギー変化 ΔG で表現できる．この部分は全て仕事になるが残りの熱的部分 $T\Delta S$ から最大でもカルノー効率（$1 - T_0/T$）を乗じた部分しか仕事として取り出すことができない．

　ではどういうときにエクセルギーが減少するのか身近な例を用いて考えてみたい．熱力学第2法則はエントロピーを導入し定量的評価が行われるようになるまでに長時間を要したが，面白いことにこれら議論に科学者が苦労している間に日常生活においては既にこの法則は確立されていた．例えば，「覆水盆に返らず」，「It is no use crying over spilt milk」，「長いものには巻かれよ」等である．もし，これらの格言をよく知っていて，しかも日常生活でなるほどと思うことが多ければ，それだけで熱力学の第2法則を知っていることになる．

　図2.7のように，お湯と水を混ぜてぬるま湯ができる場合，エネルギーを表すエンタルピー量は比熱，温度，質量の積で計算でき保存されるが，エクセルギーは保存されない．後述する計算式で評価するとぬるま湯 2 [l] の方がお

2.1 エクセルギーとは

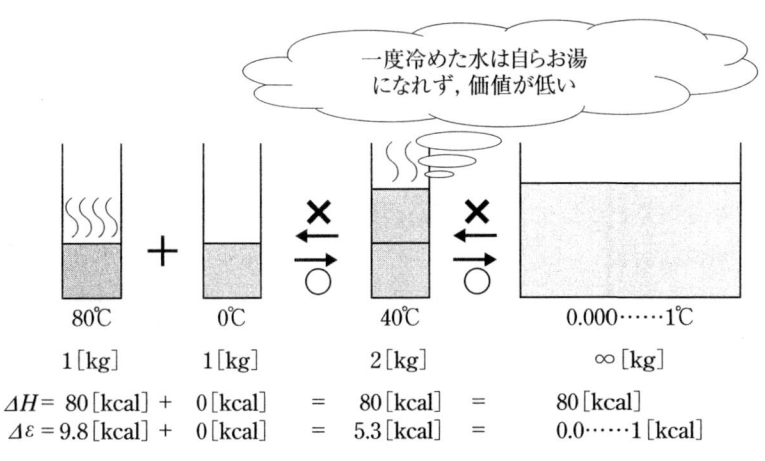

（一度冷めた水は自らお湯になれず，価値が低い）

	80℃	0℃	40℃	0.000……1℃
	1[kg]	1[kg]	2[kg]	∞[kg]
ΔH =	80[kcal] +	0[kcal] =	80[kcal] =	80[kcal]
$\Delta \varepsilon$ =	9.8[kcal] +	0[kcal] =	5.3[kcal] =	0.0……1[kcal]

図2.7 お湯と水の混合エネルギー H とエクセルギー ε

水の比熱は1[cal/g℃]なのでわかりやすく環境温度を0℃として，熱量とエクセルギーをカロリー基準で計算している．ジュール単位にするためには，これらの値を4.18倍すればよい．この計算結果は，0℃の水と混合するたびにエクセルギー ε は減少し，最後には0となることを示唆している．一方，エネルギー H は保存されるので，ほとんど価値のないわずかに温度が高い大量の水と高温少量の状態を区別することができない．

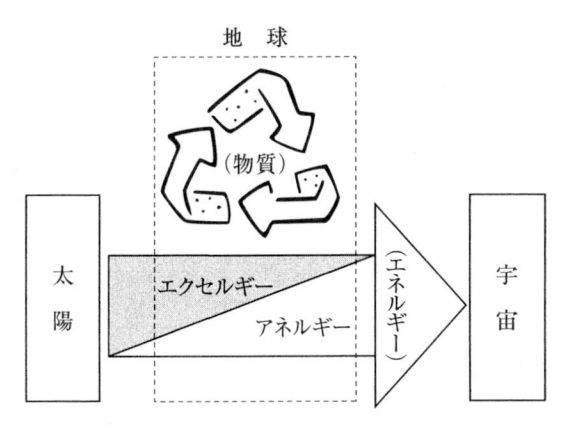

図2.8 地球上でのエネルギーおよび物質の流れ

両者は保存されるがエネルギーの質は低下し，エクセルギーを損失し最終的には宇宙空間にアネルギーとして放出される．エネルギー（ΔH）＝エクセルギー（$\Delta H - T_0 \Delta S$）＋アネルギー（$T_0 \Delta S$）

湯1[l]よりも小さな値となる．これはぬるま湯が自力ではお湯に戻ることができないこと，すなわち，この現象が不可逆であることに由来している．このように不可逆性の度合いが大きいほどエクセルギーの減少量は大きくなる．

図 2.8 は定常流れ系を仮定したときの地球上でのエネルギーおよび物質の流れを示している．その特徴は，

1) 生命現象に必要な物質は繰り返し利用される．
2) 生命現象を行うための安定したエネルギーの供給がある．
3) 生命現象を含む全ての物理的変化の結果生じた廃熱を宇宙空間に捨てる機構がある．

供給エネルギーの源は太陽エネルギーであり色々な形態に変化するものの，最終的には全て宇宙に赤外線として放射されエネルギーは保存されている[2]．このように物質に関し閉じ，エネルギーに関しては開いているので閉鎖系が成立する．エンジンのように物質とエネルギーに関して共に開いている場合を開放系，魔法瓶のように共に閉じている場合を独立系という．

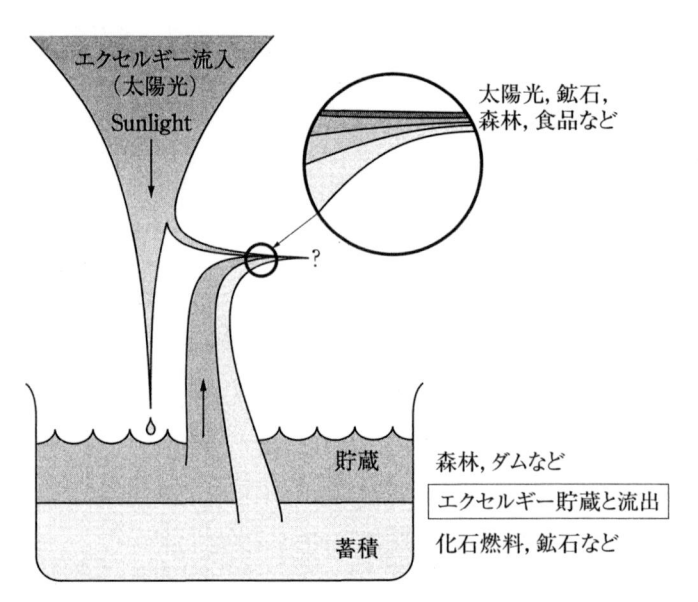

図 2.9　人間圏におけるエクセルギーの流れ
太陽からのエクセルギー流入および地球上のエクセルギー貯蔵と流出の関係を示す．現在，太陽光のごくわずかしか地上では利用しておらず，貯蔵・蓄積したエクセルギーをものすごい勢いで消費し，枯渇させようとしている．

---

2) 地上で利用できるエネルギーはほとんどが太陽エネルギー由来である．それ以外では地熱および月との引力の関係で現れる潮の満ち引きがあげられる．

太陽エネルギーはほぼ100%エクセルギーであり，それが消費されアネルギーとなって流出しているとみなすことができる．したがって，保存されるエネルギーや物質を大切にするのではなく，消費されるエクセルギーを有効利用する方策を考えることが重要である．

図 2.9 は現状のエクセルギーの流れを模式的に表現している．長期間にわたり「蓄積」されてきたのは石油，石炭，天然ガスに代表される化石燃料や鉱床となっている各種鉱石群であり，一時的に「貯蔵」されているのが森林資源（木質系バイオマス）やダムなどに蓄えられている水力資源と見なすことができる．直接利用するのは農業や一部の太陽光発電などに制限されていて，それを利用している．現代社会ではこれまで 10 億年単位で長期にわたり蓄積されてきたエクセルギーをものすごい勢いでここ数百年に浪費し，枯渇させようとしている．

2.2　エクセルギー理論に基づく生産活動

生産活動におけるエクセルギーの流れはどうなっているのだろうか．例えば製鉄業においては「原料」は酸化鉄（Fe_2O_3），「製品」は金属鉄（Fe）である．ところが，自然界に放置しておいて Fe_2O_3 から Fe へと自力で変化することはありえない．この現象は，一般的に原料は低エクセルギー物質，製品が高エクセルギー物質であるために，エクセルギー減少則に反するためと理解できる．そのため製鉄においては高エクセルギー物質である石炭という「資源」を投入して，流入エクセルギーを流出エクセルギーよりも大きな値としてプロセス内部で傾斜をつける必要がある．これがエクセルギー理論から見た一般的な「生産活動」である．それに伴い必ず低エクセルギー物質である「廃物・廃熱」が不可避的に発生する．廃熱の多くは最終的には大気放散や冷却水という形態を取る（図 2.10 参照）．このように考えると何も炭酸ガスを発生する石炭を使わなくとも製鉄は可能であることがわかる．後述するようにどんな物質の（化学）エクセルギーが大きな値を持っているか理解すると柔軟に生産活動を考察することが可能となる．

ここでエクセルギーは 2 つの形態で消費されていることに気づく．「廃物・廃熱」の形式で持ち出されるエクセルギー（**第 1 種損失**）とこの現象を生起さ

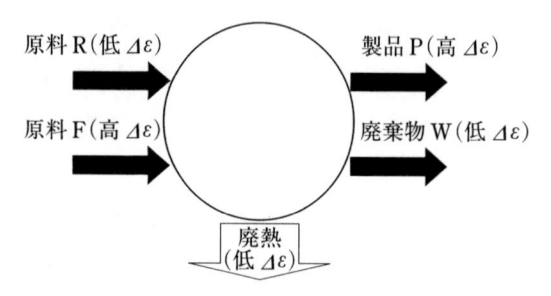

図 2.10　生産活動における物質の流れ

低エクセルギー物質である原料に高エクセルギー物質である燃料を加え，その結果として高エクセルギー物質である製品を得ている．それに伴い低エクセルギーである廃物（廃熱を含む）が副生している．

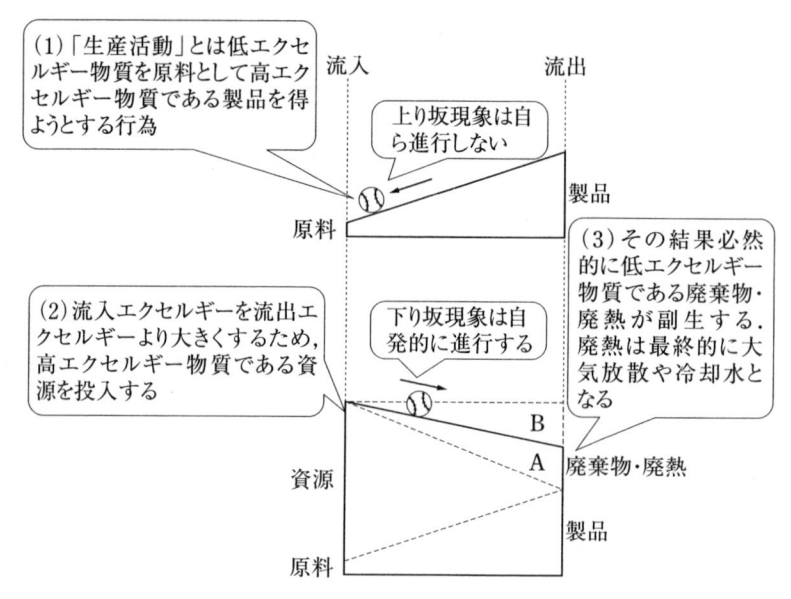

図 2.11　生産活動におけるエクセルギーの流れ

ボールは下り坂しか転がらないように，エクセルギーも内部で減少し下り坂に傾斜していなければならない．そのためエクセルギーは必ず損失する．Bの部分を第1種損失，Aの部分を第2種損失と呼ぶ．システム設計の初心者は熱力学第1法則にだけ注目し，Aの部分を減らすことに専念する．システム設計の名人は柔軟にシステム境界を捉え，ボールが転がるだけのわずかな傾斜をつけ，廃物・廃熱を減らし，かつ製品が市中で使用された後に循環することを考える．

せるのに必要なシステム内部でのエクセルギー損失（**第2種損失**）である．両者は本質的に異なっている．前者は有効に回収し再利用することにより減少させることは可能であるが，後者はシステムの本質に関わっていて，いわばシステムの駆動力といえる．そのため現行のシステム解析においては必要最小限の後者の値をあらかじめ認識しておくことが肝要である．ひとたび理論最小値が求められたならば最終目的が明確になり，現行システムのエクセルギー消費量と比較することによりその到達度が明らかとなる．また成熟したシステムか，成熟した産業か，否かを判断する一つの切り口にもなり得るだろう（図2.11参照）．また，解析した結果，第2種損失が第1種損失に比べ極端に大きいことが判明した場合はシステム自身を新たに設計し直せる可能性が高くビジネスチャンス，リサーチチャンスを見つけたと逆に喜ぶべきである．

2.3 損失に注目する図式エクセルギー解析法[3]（熱力学コンパス法）

次に石田により提案された熱力学コンパスと呼ばれるエクセルギーの損失に注目する簡便な図式のエクセルギー解析法を紹介する．

2.3.1 プロセスシステム図の描き方

前述のように熱力学的にはプロセスとは変化を意味する．プロセスは加熱，冷却，圧縮，混合などの物理的変化と化学反応，生体反応など組成が変化する化学的変化に大別できる．プロセスはこれら単一あるいは複合した形態でも構わない．プロセスの定義には大きさは無関係である．例えば，石灰石の熱分解反応（$CaCO_3 \rightarrow CaO+CO_2$）自身をプロセスと定義しても構わないし，この反応の他に複雑な伝熱，反応が生じているセメント製造用ロータリーキルンをプロセスと定義してもよい．あるいはカーボンナノチューブのようなナノスケールの結晶成長プロセスも対象になるし，町や国自身をプロセスと捉えても構わない．そのためこの方法を一旦身につけるとその応用範囲は限りなく広いといえる．

その「変化」は物質に現れるから，変化前後のその特性を予め把握しておく

---

[3] 詳細な方法論は「熱力学，基本の理解と応用」，石田愈著，培風館 1995 を参照.

必要がある．ここの部分はプロセス解析を実施するに当たり特に重要となるのでしっかりと説明しておきたい．それでは次の手順に従ってプロセスシステム図を記述してみよう．

1) 注目するプロセス，すなわち変化を○（丸）で記述する．はじめはこの○を物質と勘違いする場合が多いので注意する．想定したプロセスの数だけ○を書き並べる．この場合，装置の形状などを模擬して書く必要は一切ない．場合によっては見えない変化もある．例えば，壁からの放射熱損失は環境を加熱したプロセスとして認識する必要がある．

2) この○が生じる前後の物質を→(実線矢印) で○に接するように書き加える．このとき変化前の物質を流入物質，変化後の物質を流出物質と呼ぶ．流入，流出物質の実線は何本になっても全てを書き出す．そのとき物質の収支が取れていることに注意しよう．

3) 物質の3つの特性を相 (P : Phase) と組成 (C : Compositions)，圧力 (P : Pressure)，温度 (T : Temperature) に関して特定する．圧力の特定は気体，液体に限る．

4) 各物質のエネルギー H とエクセルギー $\varepsilon\,(=H-T_0 S)$ を評価する．P,C,T により H と S は容易に計算できるのでそれらの値から ε を求める[4]．計算値がなくても仮に一旦 (H_1, ε_1)，(H_2, ε_2)，(H_3, ε_3)，などと

物質のP, C, TによりHとεは判明するので，
Δを流出(後)−流入(前)を計算してみる．
$\Delta H = H_3 - (H_1 + H_2)$　$\Delta\varepsilon = \varepsilon_3 - (\varepsilon_1 + \varepsilon_2)$

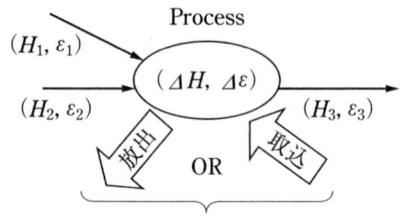

もし計算値 ΔH が(1)負の場合，仲介エネルギーを放出し，(2)正の場合，仲介エネルギーを取込むことになる．結果として仲介エネルギーは着目プロセスと他のプロセスを結びつけることになる．

図2.12　△H, △ε の求め方

しておいて構わない．

5) 各プロセスの ΔH と $\Delta \varepsilon$ を計算する．Δ は流出物質の値から流入物質の値を引くことで評価できる．もちろん，式で与えておいても構わない．Δ ＝OUT−IN．求め方は図 2.12 参照．

6) ΔH の絶対値と符号からその大きさと方向性を判断する．プロセスの結果発生したエネルギーは他のプロセスに受け渡されるので，このようなエネルギーを仲介エネルギーと呼び物質自身が有するエネルギー H と区別し，白抜き矢印で描く．

7) 仲介エネルギーはその方向から取込みか放出，熱か仕事かを区別する．熱の場合は熱源（Heat source），熱溜（Heat sink），仕事の場合は仕事源（Work source），仕事溜（Work sink）となる．環境を熱溜，熱源とする場合，通常環境温度は $T_0(=298 \text{ [K]})$ とする．仕事源は電気の場合は電力源と特定しても構わない．

8) 対象とするシステム境界を点線で描く．熱力学の法則を成立させるため

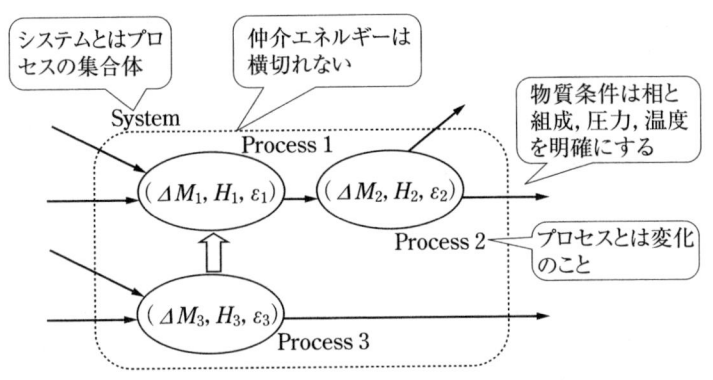

図 2.13 システムにおける物質，エネルギーおよびエクセルギーの関係を表すプロセスシステム図（3つのプロセスからシステムが構築される場合）

---

4) 求め方の詳細は省略．最近では HSC など簡便な熱力学ソフトで計算することができる．

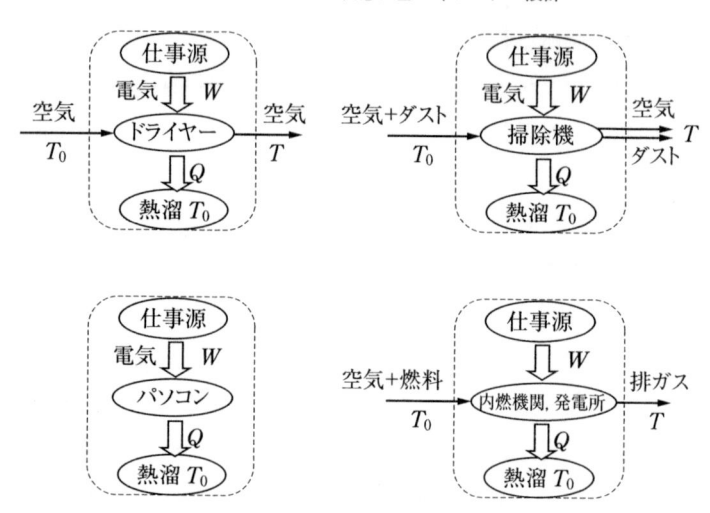

図 2.14　各種プロセスのシステム図

に，仲介エネルギーを横切らないように境界を設定することが重要である．一方，物質はシステム境界を横切っても構わない．

図 2.13 に 3 つのプロセスから構成されるシステムを示す．プロセスに流入出する物質（図中黒矢印）に特に拘束条件はない．ただし上述の如く物質を限定するために，あらかじめその相と組成，温度，圧力を知っておく必要がある．その結果，元素基準で流入出する物質量は等しいので $\Delta M_i = 0$（元素 i）となり，個々のプロセスで完全に収支がとれていることになる．

$$\text{プロセス成立条件：} \Delta M_i = 0 \text{（元素 } i \text{ の流出} - \text{流入はゼロ）} \quad (2.2)$$

エネルギーに関しては体積膨張が可能な系ではエンタルピー H で記述できる．流出から流入を減じたエンタルピー差（ΔH）は熱や仕事の放出や取込みを生じさせる．プロセス間を移動するこのエネルギーは仲介エネルギー（白矢印）であり，例えば反応プロセスの場合この値が負は発熱，正は吸熱反応を意味する．

一方，システムはいくつかのプロセスから構成される．システム境界は仲介エネルギーが横切らないように設定されたシステムにおいては次の法則が成立する．システム内において熱力学第 1 法則より各プロセスのエンタルピー和は

0，第2法則よりエクセルギー和は0または負となる．等号が成立するのは可逆変化のときである．

システム成立条件：

$$\left.\begin{array}{l}\sum \Delta H = 0 \text{（熱力学第1法則）}\\ \sum \Delta \varepsilon \leq 0 \text{（熱力学第2法則）}\end{array}\right\} \quad (2.3)$$

ここで個々のプロセスにおいて，エクセルギー差（$\Delta \varepsilon$）は正であっても，負であっても問題ないが，システム内においてその和は決して正になることはない．したがって，一見するとエクセルギーが増加しているようにみえる都市形成，生物成長，自動車製造などの現象もシステムとしてその原料や食料製造等々の関連するプロセスも含めたシステムで考慮するならば，必ずエクセルギー和は大きく減少していることになる．このとき，特に重要なのは定義の条件に沿ってシステム境界を設定することである．言い換えるならば，あるシステム内で秩序化するエクセルギー増加現象もその陰には無秩序化するエクセルギー減少現象が犠牲となって存在しており，全体を考えるならば必ず無秩序化する方向に動いていることを意味している．

2.3.2 熱力学コンパス

物質，エンタルピーおよびエクセルギーの3者の関係を考察すると，前2者は保存則のもとで自由に変換できるが，それはあくまでもエクセルギー減少則のもとで行われていたことに気づく（図2.15参照）．部分（プロセス）的には酸化鉄が還元されて鉄ができ，燃焼によって高温が得られエクセルギーが増加したとしても，全体（システム）的には不可逆性に逆らうことができずエクセルギーは必ず減少している．

そのようなシステムを考察するとき，物質は各プロセスで収支しているので，ΔH と $\Delta \varepsilon$ についてのみ議論すればよい．2変数の関係を明確にするために，図2.16，2.17に示すように x 軸，y 軸にそれぞれの値をとると都合がよい．この方法はシステム設計における羅針盤となり得ることから，**熱力学コンパス**と呼ばれている．グラフ上にはプロセスの数だけベクトルが表示され，それらベクトルの和は y 軸上に必ず鉛直下向きに現れる．これが**エクセルギー損失**

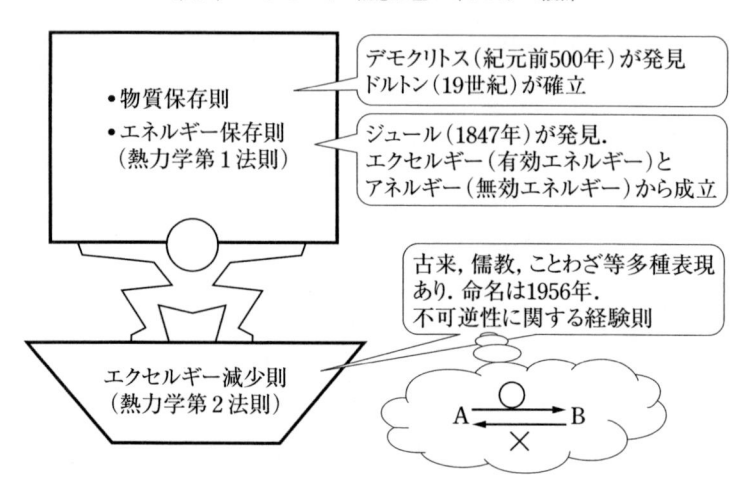

図2.15 物質，エネルギー保存則はエクセルギー減少則の基で成立している

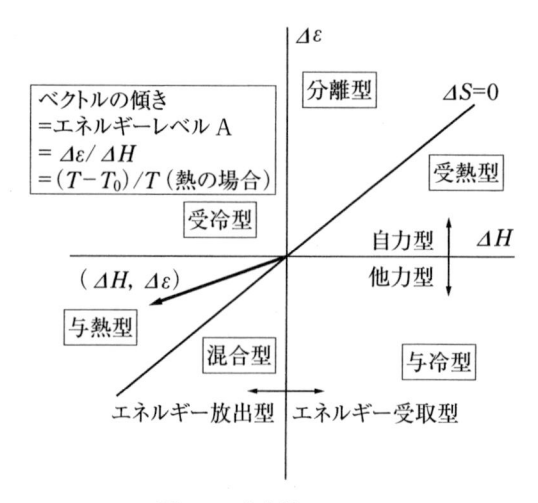

図2.16 熱力学コンパス

横軸，縦軸を ΔH，$\Delta \varepsilon$ とすると，どんなプロセスもこの2次元座標軸上に現れる．そのときの傾きはエネルギーレベルに相当する．石田によると2つの軸に加え ΔS の値に着目すると，6種類に分類できる．通常の反応は受熱，与熱型に属するが，まれに混合型に現れることがあり，この場合は高質の仕事的エネルギーを他のプロセスに与えることができる．熱の場合は温度 T が無限大のとき $A=1$ となり混合型には現れることはない．

(EXL) である．

ベクトルの傾きによりプロセスの分類ができる．

1) $\Delta H > 0$ 領域（第1,4象限）はエネルギーを受け取るプロセス，$\Delta H <$

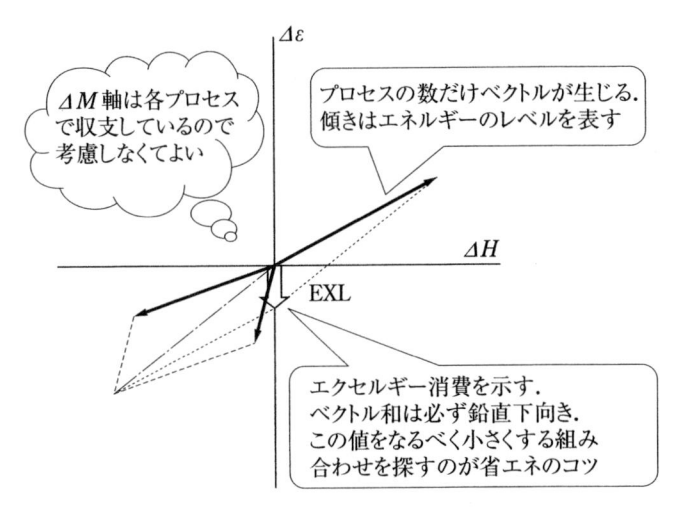

2.3 損失に注目する図式エクセルギー解析法

(figure 2.17 with annotations:)
- ΔM軸は各プロセスで収支しているので考慮しなくてよい
- プロセスの数だけベクトルが生じる．傾きはエネルギーのレベルを表す
- EXL
- エクセルギー消費を示す．ベクトル和は必ず鉛直下向き．この値をなるべく小さくする組み合わせを探すのが省エネのコツ

図 2.17 3つのプロセスからなるシステムの熱力学コンパス

0 領域（第 2, 3 象限）はエネルギーを与えるプロセスとなる．

2）$\Delta\varepsilon > 0$ 領域（第 1, 2 象限）は自発的には進行しない他力プロセス，$\Delta\varepsilon < 0$ 領域（第 3, 4 象限）は自発的に進行しうる自力プロセスである．

したがって，いくつかのプロセスを組み合わせて，エクセルギー消費がもっとも小さくなるようなシステムの設計を机上で自由に考察できることがこの方法の利点であり醍醐味となっている．ちなみに，ベクトルの傾きはエネルギーレベル A を表す．例えば熱に関して言えば傾き 0°が環境温度，45°で温度＝∞に対応する．傾き 45°はエントロピー 0 を表す．混合や分離操作，各化学反応は独自の傾きを持ち，第 1, 3 象限に現れる．表 2.1 は熱源，熱溜，仕事源，仕事溜の特性を示す．

表 2.1 熱源，熱溜，仕事源，仕事溜

プロセス	エネルギー量	温度	ΔH	ΔS	$\Delta\varepsilon$	$A (= \Delta\varepsilon / \Delta H)$
熱源	Q	T	$-Q$	$-Q/T$	$-((T-T_0)/T)Q$	$-(T-T_0)/T$
熱溜	Q	T	Q	Q/T	$((T-T_0)/T)Q$	$(T-T_0)/T$
仕事源	W	—	$-W$	0	$-W$	1
仕事溜	W	—	W	0	W	1

2.4 絶対値に注目するエクセルギー解析法（物質とエネルギーの同一評価法）

前節ではエクセルギーの損失に着目して解析をすすめた．さらにエクセルギー理論では物質およびエネルギーの評価は明快かつ不偏であり，その絶対値は簡単に計算することができる．

定常流れ系の場合の基礎式を以下に示す（Appendix II 付表II-2参照）．

エクセルギー基礎式

$$\left.\begin{array}{l} \varepsilon = \sum n_i \varepsilon_i^0 \cdots\cdots\cdots\cdots\cdots\cdots\cdots\cdots\cdots（化学）\\ +(\sum n_i C_{pi})\{T-T_0 \ln(T/T_0)\} \cdots\cdots（熱）\\ +(\sum n_i)RT_0 \ln(P_i/P_0) \cdots\cdots\cdots\cdots（圧力）\\ +RT_0 \sum [n_i \ln\{n_i/\sum n_i\}] \cdots\cdots\cdots（混合） \end{array}\right\} \quad (2.4)$$

ここで，n_i, ε_i^0, P_i, C_{pi} はそれぞれ，成分 i のモル数，規準状態【P_0 Pa，T_0 K，組成 [N_2 (75.6%), O_2 (20.34%), H_2O (3.12%), CO_2 (0.03%), Ar (0.91%)]】における純成分のエクセルギー（標準エクセルギー），分圧および平均比熱を示す．規準状態下（酸化性雰囲気）で安定に存在しうる物質は 0 であり，不安定になるほど大きな値を示している．例えば，酸化鉄についてみると，天然に存在する Fe_2O_3 は，規準状態のもとでは組成が変化しないのでそのエクセルギーの値は 0 である．しかし，鉄鋼製錬工程において還元が進み，Fe_3O_4，$Fe_{0.947}O$，Fe となるにつれ，化学エネルギーが蓄えられ，順次，大きな値を示すようになる．

また，燃料のエクセルギーはラントの近似式（$H_l + rw$）を用いて評価できる．ここで，H_h, H_l は燃料の高発熱量，低発熱量，r は 1 [atm]，298.15 [K] の水分蒸発熱（2,438 [kJ/kg]），w は燃料中の全水分量（[kg/kg]）を示す．

定常流れ系ではエクセルギーは化学，熱，圧力および混合の 4 つに分類でき，その絶対値は可能仕事量を意味する．いわば地球に対する貨幣価値と対応する．そのため多くの場合エクセルギーは経済性と正の相関がある．理論的には環境条件との差で全て仕事をすることが可能であるから，化石燃料にこだわらず多くのエネルギーが存在することに気づく．エネルギーを段階的に利用するカスケード利用（図 2.18, 2.19 参照），さらには同時に異なる素材を製造するコ・

プロダクションの思想は正にエクセルギー的発想といえよう．

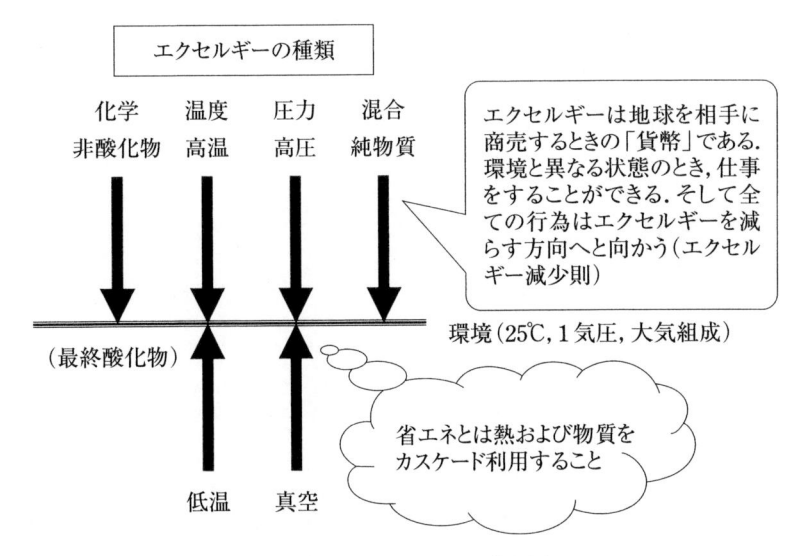

図 2.18 エクセルギーの流れ図

4つのエクセルギーは全て環境へと向かいその値を失っていく．一度に減らさず徐々に減らそうとするカスケード利用に研究，開発のチャンスが潜んでいることがわかる．

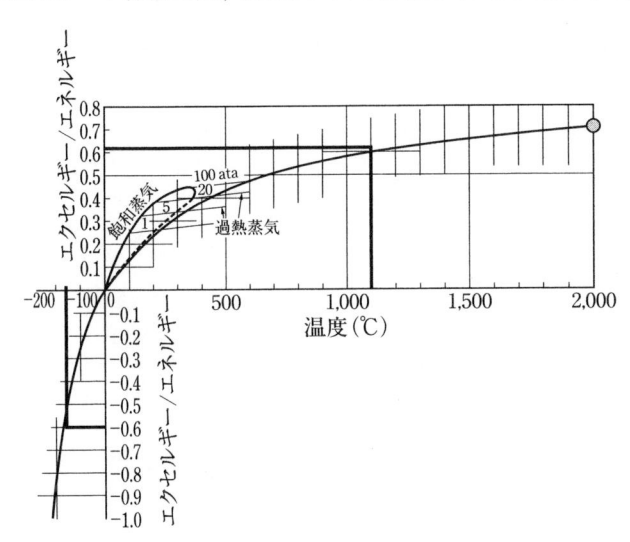

図 2.19 比熱一定物質および水蒸気の熱エクセルギーの値

1,100℃の高温で0.6の有効比(エクセルギー/エネルギー)であることがわかる．逆に-160℃の冷熱は1,100℃と同じ質であるにもかかわらず，現在 LNG 等の冷熱は有効に使われているとは言い難い．

表 2.2 元素の標準有効
（亀山，吉田：化学工学 437

例

H
28.11
H_2O
(Liq.)
-20.29

― 元素名
― 標準エクセルギー Kcal/g-atm　ε
― 照合化合物
― 温度補正係数 10^3 kcal/g-atm·K　ζ

	Ia	IIa	IIIa	IVa	Va	VIa	VIIa	VIII	
1	H 28.11 H_2O (Liq.) -20.29								
2	Li 88.90 $LiCl·H_2O$ -115.95	Be 142.03 $BeO·Al_2O_3$ -24.68							
3	Na 86.23 $NaNO_3$ -85.80	Mg 147.76 $CaCO_3·$ $MgCO_3$ -86.18							
4	K 92.46 KNO_3 -84.84	Ca 170.26 $CaCO_3$ -80.96	Sc 216.72 Sc_2O_3 -38.21	Ti 211.66 TiO_2 -47.46	V 168.47 V_2O_5 -56.47	Cr 130.84 $K_2Cr_2O_7$ 7.33	Mn 110.24 MnO_2 -47.14	Fe 87.99 Fe_2O_3 -35.20	Co 68.93 $CoFe_2O_4$ -21.95
5	Rb 93.11 $RbNO_3$ -84.56	Sr 184.31 $SrCl_2·6H_2O$ -201.85	Y 222.86 $Y(OH)_3$ *	Zr 253.01 $ZrSiO_4$ -51.39	Nb 209.87 Nb_2O_5 -57.51	Mo 170.75 $CaMoO_4$ -10.82	Tc	Ru 0 Ru 0	Rh 0 Rh 0
6	Cs 93.43 $CsCl$ -87.06	Ba 187.42 $Ba(No_3)_2$ -166.73	La	Hf 244.56 HfO_2 -48.40	Ta 227.22 Ta_2O_5 -58.03	W 195.56 $CaWO_4$ -10.86	Re	Os 71.01 OsO_4 -77.73	Ir 0 Ir 0
7	Fr	Ra	Ac	Th 278.41 ThO_2 -49.34	Pa	U 267.18 U_3O_8 -59.08	Np	Pu	Am
			La 234.84 $LaCl_3$ $7H_2O$ -292.65	Ce 243.96 CeO_2 -54.48	Pr 221.36 $Pr(OH)_3$ *	Nd 231.13 $NdCl_3·$ $6H_2O$ -290.34	Pm	Sm 230.13 $SmCl_3·$ $6H_2O$ -290.57	Eu 208.53 $EuCl_3·$ $6H_2O$ -294.23

*) 照合化合物のエントロピーデーターが未測定につき温度補正係数が未定.

エネルギーと温度補正係数
(昭和 54-7) 390 による)

VIII	Ib	IIb	IIIb	IVb	Vb	VIa	VIIb	
								He 7.20 Air P= 5.24×10^8 24.16
			B 145.86 H_3BO_3 -44.36	**C** 98.12 CO_2 P=0.003 13.64	**N** 0.08 Air P=0.756 0.28	**O** 0.47 Air P=0.203 1.58	**F** 73.62 $Ca_{10}(PO_4)_6F_2$ 19.41	**Ne** 6.47 Air P=1.80×10^{-5} 21.71
			Ai 188.39 Al_2O_3 -39.81	**Si** 203.81 SiO_2 -46.67	**P** 206.97 $Ca_3(PO_4)_2$ 20.64	**S** 144.07 $CaSO_4 \cdot 2H_2O$ -27.89	**Cl** 5.61 NaCl 64.25	**Ar** 2.79 Air P=0.009 9.36
Ni 58.19 $NiCl_2 \cdot 6H_2O$ -206.89	**Cu** 34.37 $Cu_4(OH)_6Cl_2$ *	**Zn** 80.65 $Zn(NO_3)_2 \cdot 6H_2O$ -203.84	**Ga** 118.59 Ga_2O_3 -38.74	**Ge** 117.86 GeO_2 -46.39	**As** 92.32 As_2O_5 -61.01	**Se** 0 Se 0	**Br** 8.21 $PtBr_2$ -4.76	**Kr**
Pd 0 Pd 0	**Ag** 20.63 AgCl -78.06	**Cd** 72.70 $CdCl_2 \cdot 5/2H_2O$ -181.63	**In** 98.57 In_2O_3 -40.49	**Sn** 123.26 SnO_2 -51.99	**Sb** 97.92 Sb_2O_5 -61.18	**Te** 63.66 TeO_2 -45.05	**I** 6.12 KIO_3 13.58	**Xe**
Pt 0 Pt 0	**Au** 0 Au 0	**Hg** 31.48 $HgCl_2$ -165.06	**Tl** 40.56 Tl_2O_4 *	**Pb** 80.61 PbClOH *	**Bi** 70.92 BiOCl -101.74	**Po**	**At**	**Rn**
Cm	**Bk**	**Cf**	**Es**	**Fm**	**Md**	**No**	**Lr**	
Gd 229.03 $GdCl_3 \cdot H_2O$ -291.65	**Tb** 226.43 $TbCl_3 \cdot 6H_2O$ -294.04	**Dy** 229.03 $DyCl_3 \cdot 6H_2O$ -294.94	**Ho** 231.03 $HoCl_3 \cdot 6H_2O$ -295.22	**Er** 229.63 $ErCl_3 \cdot 6H_2O$ -295.13	**Tm** 213.74 Tm_2O_3 -40.07	**Yb** 223.63 $YbCl_3 \cdot 6H_2O$ -292.65	**Lu** 219.33 $LuCl_3 \cdot 6H_2O$ -295.22	

鉄鋼業，窯業，化学工業など高温プロセスの解析では4つのエクセルギーのうち，化学と熱のエクセルギーの割合が圧倒的に高い．この場合は簡易的手法として前節の熱力学コンパスによる解析も有力だが，正確には4つのエクセルギーを総和することにより評価することになる．

化学エクセルギーを論じる場合は最終的に最も安定な物質を基準に取り（表2.2 照合化合物参照），化学エクセルギーを0とすることにより計算を行っている．その結果，金属は大きな値を示し，金属酸化物となるに従いその値は小さくなる．したがって，世の中で廃棄物と称されているものでも，エクセルギー値が高い場合はそこにポテンシャルが潜んでいると考えて間違いない．それらはもっと有効に利用できる可能性がある．

例えば，金属アルミを含有する廃棄物は高い化学エクセルギーを有する．最近廃棄アルミニウムが増加し，その処理が社会問題となっていることからその新しい処理方法が提案された．日本ではアルミニウムドロス30万トンを含め180万トンものアルミニウムが未回収となっている．**ドロス**とは回収したアルミニウムやインゴットを再溶解するとき酸化し浮上する部分で主成分は金属アルミニウムのほか，酸化アルミニウム，窒化アルミニウムである．提案する方法では廃棄アルミニウムは苛性ソーダなどアルカリ水を利用して水素を発生す

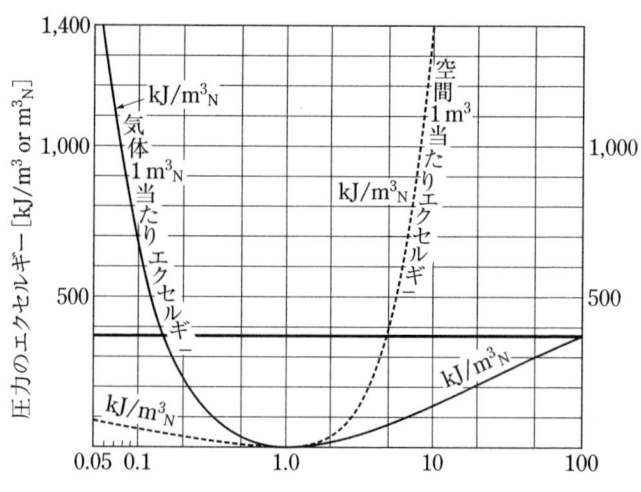

図 2.20 理想気体の圧力のエクセルギー

ることが可能で，得られる生成物（Al(OH)$_3$あるいは Na［Al(OH)$_4$］）も有価である．

第一反応	Al + NaOH + 3H$_2$O = Na［Al(OH)$_4$］+ 1.5H$_2$	(2.5)
第二反応	Na［Al(OH)$_4$］= NaOH + Al(OH)$_3$	(2.6)
総括反応	Al + 3H$_2$O = Al(OH)$_3$ + NaOH	(2.7)

図 2.19, 2.20 はそれぞれ熱，および圧力エクセルギーに関する関係を示している．何れも常温，常圧と異なる状態であるほど，より大きな値となる．しかし 2,000℃の高温熱の有するエクセルギー率はわずか 70%である．一方，化石燃料のエクセルギー率が 95-98%程度であることを考慮すると，化学→熱変換において大きくエクセルギーは失われることに気づく．したがって，環境負荷低減を目指すエネルギー変換では，燃料電池など熱自身を発生させないプロセス開発に傾注するべきであろう．燃料電池では熱を経ずに化学から電気へ変換

みかん 1 kg（15個）＝1,500円

混合
分離

L級　　　　　M級　　　　　S級

5個×150円/個　5個×120円/個　5個×80円/個

750円　　　　600円　　　　400円

合計 1,750円

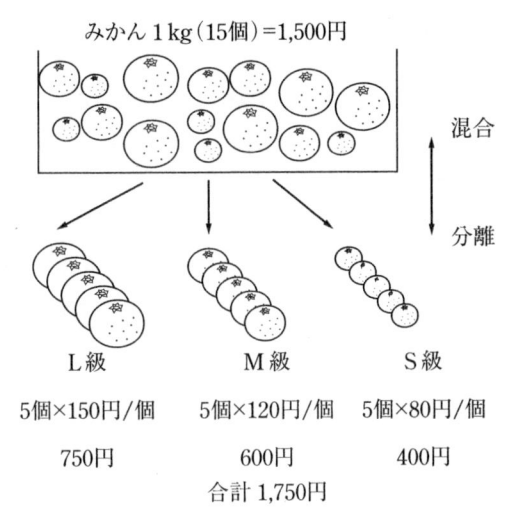

図 2.21 混合のエクセルギーを理解するための一例

みかんでたとえてみよう．大きさを区別しない（混合）で出荷した場合，店頭では 15 個 1,500 円で量り売りされているとしよう．しかし，L（5 個），M（5 個），S（5 個）など大きさを選別（分離）して出荷すると合計 1,750 円となり，その価値を上げることができる．このように分離することでその価値は上がり，混合することでその価値は下がってしまうようなことは我々の周りで多くの例をあげることができる．エクセルギーではこの概念も取り込んで計算することができる．逆に物質循環のネットワークを作るためには混合を防ぐ方法を確立することが重要となる．

するため，カルノー効率の制約を受けずに高効率発電が可能となる．また，特に見過ごされがちな低温や真空状態でも大きな値を持っていることは注目に価する．例えば1,100℃の廃熱は積極的に熱回収しようとするが，LNG冷熱－162℃は多くの場合利用せずに常温に戻されている．

　混合のエクセルギーは興味深い．エクセルギー理論でゴミの分別回収により実はエクセルギーは高められていることを理解することができる．図2.21のみかんの例はその経済価値も教える．

　このようにエクセルギーの絶対値に着目する方法は，同じ原料から同じ製品を作る方法がいくつか考えられる場合，エクセルギーフロー図を描きエクセルギー損失 ε_{loss} の割合を比較するときに便利である．どのシステムが総合的にエクセルギー損失を最小にするか，ならびに構成プロセスのどこで多量の損失が生じるかを知ることによりエネルギーの有効利用法を考察できる．各種収支に基づく解析法を表2.3にまとめた．その特徴を十分に理解し採用することが重要である．

表2.3　エネルギー評価のための各種方法

方　法	熱力学第1法則	環境を考慮	熱力学第2法則	コメント
熱収支	○	×	×	顕熱，潜熱の流入，流出時に使用することができる．複雑な反応系には不適当．
エンタルピー収支	○	×	×	反応系に適する．
修正エンタルピー収支	○	△	×	等圧，25℃規準
エクセルギー収支	○	○	○	エネルギーの量および質の両方を評価（熱力学コンパス），絶対値計算では環境条件を完全に考慮している．

2.5 ま と め

1) 地球は人間圏を含む 11 プロセスから成立するシステムである．
2) 物質およびエネルギーは保存される一方，エクセルギーは消費される．
3) エクセルギーとは地球環境を基準にした使用可能なエネルギー（$\Delta\varepsilon = \Delta H - T_0 \Delta S$, T_0；環境温度（＝298K））を表す．
4) 生産活動とはシステム内に意図的にエクセルギー減少の傾斜をつけることである．
5) エクセルギー解析では部分（プロセス）を見るのではなく，俯瞰的に全体（システム）を見よ．部分最適解の集合が全体最適解とは限らない．
6) エネルギー有効利用とはシステム内エクセルギー損失和を最小にすることである．

エクセルギープログラム（BASIC 版）のソースコード例を Appendix Ⅲ に掲載する．また，共立出版ホームページ（http://www.kyoritsu-pub.co.jp/）にアクセスすることによりこれらのエクセル版をダウンロードすることができる．

第 2 章　演習問題

2-1　次の生産活動におけるエクセルギー流れの例を挙げて説明せよ．
　　 1) 石油精製，2) 天然ガス改質による水素製造，3) 自動車輸送
2-2　なぜ仲介エネルギーがシステム境界を横切ってはいけないのか考察せよ．
2-3　次の装置のプロセスシステム図で描いてみよ．
　　 1) ドライヤー，2) パソコン，3) 電気掃除機，4) 内燃機関，5) 火力発電所
2-4　熱力学コンパス上のベクトルの傾き A がカルノー効率となることを証明せよ．

第3章
物質再生のための分離法

「混ぜればごみ，分ければ資源」という標語が示すように，特定の物質が集合・濃縮した状態は工業的な価値が高い場合が多い．その一つの指標として，混合のエクセルギーが利用できることを第2章で述べた．

「資源」を簡単に定義すると，
(1) 人間が採取可能な場所にあり
(2) 濃縮された状態で存在する有用物質で
(3) 量的に十分に存在するもの

と言える．当然ながら，経済的に利用可能なものでなければならない．廃棄物の中には排出者が分離，選別，無害化などの処理費用を負担することによってのみ，「再資源化」が可能になるものも多いのが現状であるが，焼却などの中間処理や最終処分に必要なコストとの比較で考えれば，これも広義の経済的利用と考えることが可能である．

「物質分離」の基本は，各物質が示す性質差の顕在化とその利用である．例えば，形状が異なる粒子群は安定に静止することができる斜面の角度が異なり，比重や粒度が異なる粒子では液体中の浮沈状態や浮上・沈降速度が異なる．粉粒体の粒径差を利用するふるい分けを含め，物体の性質差に基づく分離法には一般にもなじみがある操作が多い．

一方，均一相を形成した混合物が平衡状態あるいは定常状態にある場合，通常は，いくら時間をかけても自動的に分離が進行することはない．加熱，冷却，加圧，減圧，あるいは分離剤の添加や分離膜の利用など，新たな物質やエネルギーの投入を必要とする操作が不可欠である．これらはいずれも，特定の物質を移動して偏析させるために必要な駆動力を与える操作である．

廃棄物の再資源化工程では，目的に応じた様々な分離操作が行われる．適用されている分離技術のほとんどは，従来から鉱物資源や農林水産物などの分離に広く使用されているものか，その原理を応用したものである．しかし，廃棄物の分離操作に要する設備コストは小さくない場合が多く，廃棄物の複雑性や近年の工業製品の多様化，軽薄短小化などに起因する物質分離の困難性も増大しており，一層の技術革新が必要とされている．

分離技術は，資源の状態（固体や液体）のまま分離する「ソフトセパレーション」と，溶融，揮発など相変化を伴う過程の中で分離を進める「ハードセパレーション」の2つに分類することができる．一般に前者は後者に比べて省物質・省エネルギー的であり，物質・エネルギー資源の効率的利用と環境保全の観点からは，ソフトセパレーションによって物質のリサイクルを完結することが望ましい．しかし，いずれの場合でも廃棄物の分離においては，主に不純物混入に起因する性質低下，機能劣化が無視できず，結果的に低品質素材として取り扱われるケースがある．いわゆる，廃棄物の**カスケード**（cascade）**利用**である．鉄鋼のリサイクルにおいて問題となる不純物のうち，銅や錫（すず）など**トランプエレメント**（tramp element）と呼ばれる元素の蓄積などは，この典型である．したがって，廃棄物を高純度・高機能素材として再生利用サイクルを実現するためには，製品を構成する材料の種類や組成を含むトータルでの技術の最適な組み合わせ（システム）の構築が重要となる．

本章では，廃棄物処理と関連する物質再生プロセスに特化し，素材リサイクルおよび環境保全に必要な分離法の原理について，基礎理論を記述すると共に，適用例を示しながら，各方法の特徴，課題などについて概説していく．

3.1 機械的分離（粒子の分離・選別・回収）

ふるい分け，比重分離，集じん・ろ過など，粒子性状差に基づく分離操作は**機械的分離**（mechanical separation）と呼ばれる．破砕・粉砕，乾燥・調湿などの予備処理操作を除けば，物質の状態を変化させずに比較的低温条件で行われるソフトセパレーションに分類できる分離であり，廃棄物リサイクルにおいては玄関口となる操作である．本書では，上記予備処理について取り扱わないが，これらも分離効率に影響を及ぼす重要な操作である．例えば，できるだけ

一つの粒子が一種の物質から成るような予備処理（単体分離）を行うことにより，その後の分離操作を大幅に効率化することができ，結果的に高品質な再生素材・材料を得ることができる．

機械的分離はその目的によって，次の3種類に分類できる．
・分粒（size classification, sizing）：粒径の大きさにより分離する．
・選別（sorting, selection）：密度，形状，電気特性など物性によって分離する．
・回収（recovering）：流体から細粒や微粒子を除去・回収する．

表 3.1 にこれらの分離操作の分類についてまとめる．

表3.1 機械的分離操作の分類
(岡田 功，金子 賢：化学工学入門, p.57, オーム社, 1989)

分離操作	目的	分離の対象	内容
ふるい分け	分粒	固体と固体	ある目開きのふるいを通過するふるい下と通過しないふるい上とに分ける．
分級	分粒 選別	固体と固体	沈殿速度の差を利用して，粒径の大小で分けたり（分粒），密度の大小で分けたりする（選別）
重液分離	選別	固体と固体	分離しようとする2種の粒子群の中間の比重をもった液体によって，一方を沈降させ，他方を浮遊させる．
浮遊分離	選別	固体と固体	縣濁液から，ある特定の成分を空気の泡で液面に浮遊させる．
磁力分離	選別	固体と固体	磁性の有無で分離する．
沈殿濃縮	回収	固体と液体	縣濁液から粒子群を重力によって沈降させ，分離する．
ろ過	回収	固体と液体	ろ材によって縣濁液から粒子群を分離する．
遠心分離	回収	固体と液体 液体と液体	高速回転運動を与えて，液体中の粒子群または比重の異なる2液体を分離する．
集じん	回収	固体と気体 液体と液体	気体中に分散する固体および液体微粒子を分離捕集する．

3.1.1 分粒

A．ふるい分け（篩分）

目開きを制御したふるいにより，粒径のそろった粒子群に分離する方法であり，スクリーン（網），グリッド（格子）などを使用する．分離効率は，対象粒子群の振とう方法，粒度分布とふるいの目開き，ふるい表面への粒子付着性などに依存する．水平あるいは傾斜したふるい面を振動，揺動させる方式や，回転する円筒壁をスクリーンやグリッドにした回転ふるいなどがある．表3.2にJIS試験用ふるいの規格表を示す．

表 3.2 JIS 試験用ふるい規格表

呼び寸法	ふるいの目開き（μm）		
	基準寸法	許容差	
		平均（±）	最大（+）
1000	1000	30	140
850	850	29	127
710	710	25	112
600	600	21	101
500	500	18	89
425	425	16	81
355	355	13	72
300	300	12	65
250	250	9.9	58
212	212	8.7	52
180	180	7.6	47
150	150	6.6	43
125	125	5.8	38
106	106	5.2	35
90	90	4.6	32
75	75	4.1	29
63	63	3.7	26
53	53	3.4	24
45	45	3.1	22
38	38	2.9	20
32	32	2.7	19
25	25	2.5	16
20	20	2.3	14

B．分　級

流体中の粒子の沈降速度差を利用し，粒径や見かけ密度の異なる粒子群に分離する方法であり，流体中の固体や液体粒子の分離に用いられる．

a．流体中の粒子の運動

分級操作においては，流体中の粒子運動を定量的に把握することが不可欠である．今，密度 ρ_p [kg/m^3] で直径 d [m] の球形粒子が，密度 ρ [kg/m^3]，粘性係数（粘度）μ [kg/(m・s)] の流体中で運動する場合を考える．運動の方向に垂直な粒子断面積を A [m^3]，粒子と流体の速度差（粒子‐流体間の相対速度）を u [m/s] とすれば，粒子が流体から受ける抗力 R_f [N] は次式で与えられる．

$$R_f = C_D A u^2 \rho / 2 \tag{3.1}$$

ここで，C_D は**抵抗係数**（drag coefficient）と呼ばれる無次元数であり，(3.2) 式で表される**粒子基準レイノルズ数**（Reynolds Number, Re_p）の関数であることが知られている．

$$\mathrm{Re}_p = d_p u \rho / \mu \tag{3.2}$$

C_D と Re_p の関係を図 3.1 に示す．

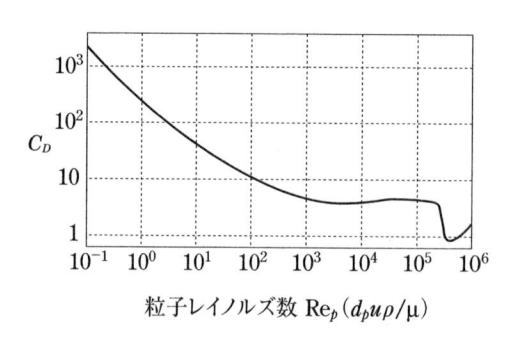

図 3.1 粒子レイノルズ数 Re_p と抵抗係数 C_D の関係

粒子と流体の速度差が小さい領域では両者に直線関係が認められ，C_D は次のように表される．

$$C_D = 24/\mathrm{Re}_p = 24\mu / d_p u \rho \tag{3.3}$$

これらの関係および $A = \pi d_p^2 / 4$ を (3.1) 式に代入すると，

$$R_f = 3\pi \mu d_p u \quad (\mathrm{Re}_p < 2) \tag{3.4}$$

が得られる．これは，**ストークスの法則**（Stokes' law）と呼ばれ，流体中の微粒子の運動に対し，広く適用できる．

今，静止流体中に浮遊している粒子が自重で沈降する場合を考える．まず，粒子の沈降速度は次第に増加するが，それに応じて流体抵抗も増加していくため，比較的短時間で等速沈降の状態に移行する．この状態での粒子に対する流体からの抵抗力 R_f，重力，浮力は，［抵抗力］＝［重力］－［浮力］の関係にある

((3.5) 式).

$$R_f = \pi dp^3 \rho_p g/6 - \pi dp^3 \rho g/6 \tag{3.5}$$

このような状態での沈降速度 u_t を**終末速度**（終速度, terminal velocity）と呼ぶ. (3.4) と (3.5) 式を組み合わせることにより, u_t は次式のように表される.

$$u_t = (\rho_p - \rho) d_p^2 g / 18\mu \quad (\text{Re}_p < 2) \tag{3.6}$$

一方, u_t を測定することにより, 次式を用いて粒子径 dp を求めることができる.

$$d_p = (18\mu u_t / (\rho_p - \rho) g)^{-1/2} \tag{3.7}$$

厳密には上式は球形粒子のみに適用可能であるが，異形粒子に対し本式を適用して求められた数値は，同一の沈降速度を与える球形粒子の直径に相当するものであり，**ストークス径**（Stokes diameter）と呼ばれる.

b. 慣性式分級

気流を利用して粒子群に速度を与え，粒度の大きな粒子を遠方に飛ばして分離する方法である．サイクロン分級機（3.1.2, c 項参照）も慣性式分級の一つとみなすことができる．粒子を含む流体が接線方向から導入され，内部で高速旋回することにより大きな遠心力が発生し，粒子は壁側に沿って下部にする．一方，流体はサイクロン上部の出口に向け旋回しながら移動し，分離される．このように，可動部品を必要としないことが大きな特徴である．

c. 清澄および沈殿濃縮

密度の比較的大きな粒子を懸濁させた液体をしばらく静置すると，徐々に粒子が沈み，上澄み液が得られる．このような分離操作を**清澄**（せいちょう）と呼び，上下水道の浄化や工業排水などの処理に利用されている．これとは逆に，粒子密度の高いスリー（slurry）を得ることを目的とした分離操作を**沈殿濃縮**と呼ぶ．懸濁液を試験管に入れた後の状態変化は図 3.2 のようになる．ここで，清澄部と懸濁部（濃縮層）の境界面の高さと静置時間の関係は**沈降曲線**（precipitation curve）と呼ばれ，図 3.3 が典型的な形状である．一定の時間を過ぎると沈降速度は低下し，最終的には界面高さが変化しない状態となる．

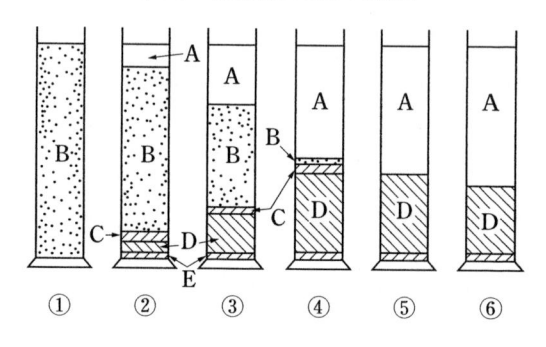

A：清澄液　　B：均一懸濁液
C：過渡状態　　D：濃縮層
E：粗粒層

図 3.2 懸濁液の状態の時間変化
（岡田　功，金子　賢：化学工学入門，p.62，オーム社，1989）

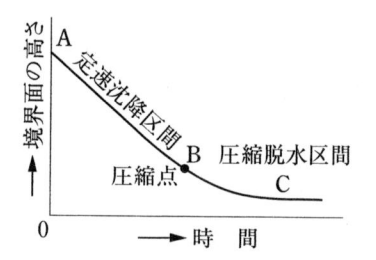

図 3.3 懸濁液の沈降曲線
（岡田　功，金子　賢：化学工学入門，p.63，オーム社，1989）

沈殿濃縮を行う装置は**シックナー**（thickener）と呼ばれ，代表的なものとして円形連続式シックナー（図3.4）などがある．懸濁液を中央上部より装入し，上澄み液をオーバーフローすると共に，沈殿したスラリーを中央部底より排出する．円形連続式シックナーによる排水処理システム例を図3.5に示す．この他，水平流式の角型シックナーや多数の傾斜板への粒子沈降を利用する半値シックナーなどがある．

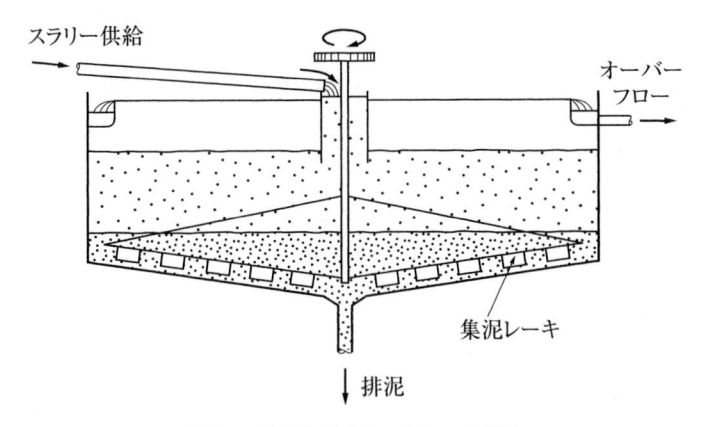

図 3.4 円形連続式シックナーの断面

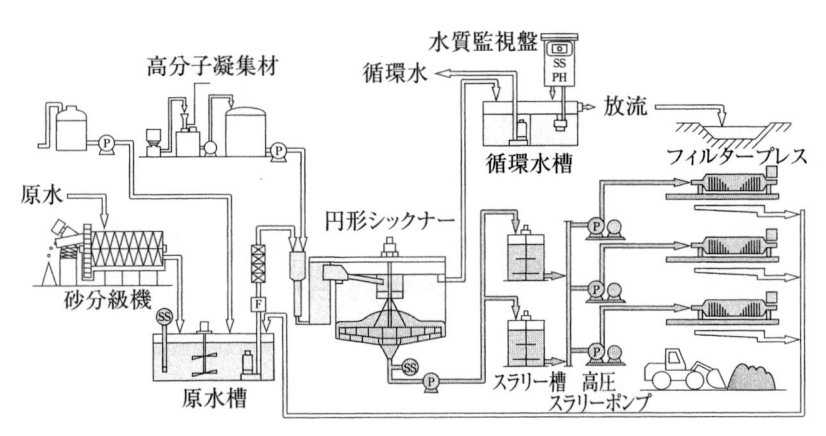

図 3.5 円形連続式シックナーによる排水処理システム例
（成和機工機械部門，www.seiwakiko.co.jp）

3.1.2 ろ過・集じん

A．ろ　過

ろ布，多孔質体，粒子充填層などのろ材の中を通過させ，液体から粒子を分離する操作を**ろ過**（filtration）という．ろ材上に堆積した粒子層をケーキ（cake），通過した液を**ろ液**（filtrate）と呼ぶ．ろ材に液を通過させるためには圧力差（圧力損失）[1]が必要であり，圧力付加の方法によって，重力ろ過，

[1) 流体の入口と出口の圧力差であり，装置内を流体が通過するための駆動力となる．

加圧ろ過，減圧（真空）ろ過，遠心ろ過などに分類される．

ろ材の孔径はろ過効率に大きな影響を及ぼす．孔径が大きければ液が通過しやすく，圧力損失が小さいため，液体を通過させるための所要エネルギーも小さいが，除去可能な最小粒子径は大きくなる．除去対象とする粒子径が小さく，付着性が高い場合は，粒子同士の**架橋現象**（bridge phenomenon）や**凝集**（clustering）を利用して孔径以下の粒子を除去することも可能である．

下水処理場や食品加工業，化学工業，農畜産業，金属産業，建設産業などで発生する大量の汚泥（スラッジ，sludge）処理においては，含水率低下（脱水）および減容化を目的としてろ過操作が行われている．これにより形成した脱水ケーキの性状はその後の乾燥やリサイクル工程の効率に大きな影響を及ぼすことから，多くの技術的検討が行われている．

a．フィルタープレス

スラリーをろ布間に挟みこみ，両側から加圧して脱水を行うろ過方式である．複数のろ過板をまとめて加圧脱水するのが一般的である．さらに，高圧ポンプによりスラリーに圧力をかける方式（図 3.6）も実用化されている．粘性の高いスラリー，有機物を含有するスラリーなどにも適用でき，高い脱水率が得られる．ケーキ自体が持つろ過効果が期待できるため微粒子の除去も可能である．

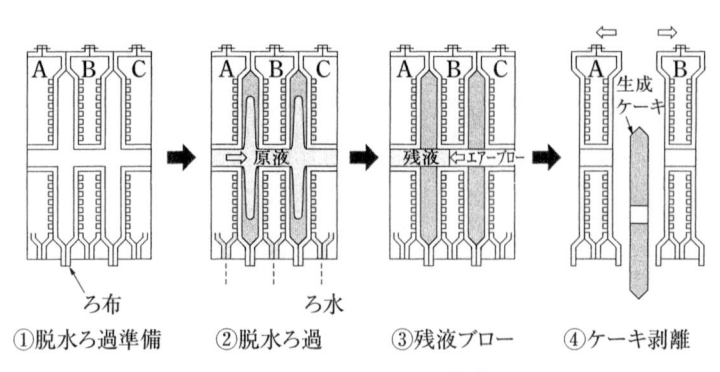

図 3.6　フィルタープレスの操作例
（新日鐵環境エンジ，http://kankyou.eng.nsc.co.jp）

b．ベルトプレス

上・下 2 枚の脱水ろ布と濃縮用のろ布を多数のローラー間に組み込んだ構造

を持つ（図 3.7）．重力脱水部，くさび状脱水部，せん断脱水部より構成される．さらに，脱水率を高めるため，ローラーとプレスベルト間のろ布を油圧で圧搾する方式もある．

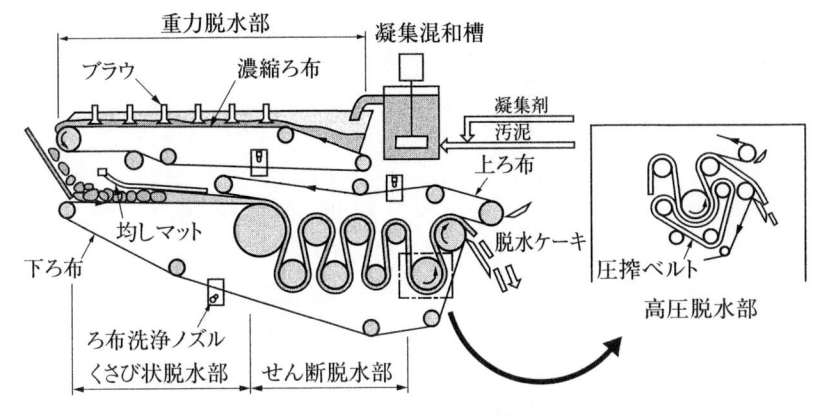

図 3.7 ベストプレスの構造概略
（日本ガイシ，http://www.ngk.co.jp）

c．ロータリープレス

金属円盤フィルター2枚で構成するろ過室を毎分1回転程度の速度で回転させ，最大 100 [kPa] の圧力で汚泥を供給する．圧搾脱水ゾーンへの移行過程で汚泥の流動性は低下し，フィルターの回転力により押し出される．さらに，排出口の可動弁から受ける圧搾力と，フィルター面と汚泥層間の剪断力によって脱水が促進される（図 3.8）．

d．ドラム型真空ろ過機

ろ布で覆ったドラム下部をスラリー中に浸し，ドラム内部を真空吸引してケーキ層をろ布面に形成させる．真空ドラムが回転し，上部のプレスベルトでケーキ層を圧搾脱水する．この際，仕切り板によりドラム内部の圧力を調整し，真空ろ過とケーキ層の剥離を制御する（図 3.9）．

B．遠心分離

流体を回転運動させ，発生する遠心力を利用して行う分離操作を**遠心分離**（centrifugal separation）という．図 3.10 に示すように質量 m の物体が半径 r の円周上を速度 v で回転するとき，物体には中心と反対方向に，mv^2/r あるい

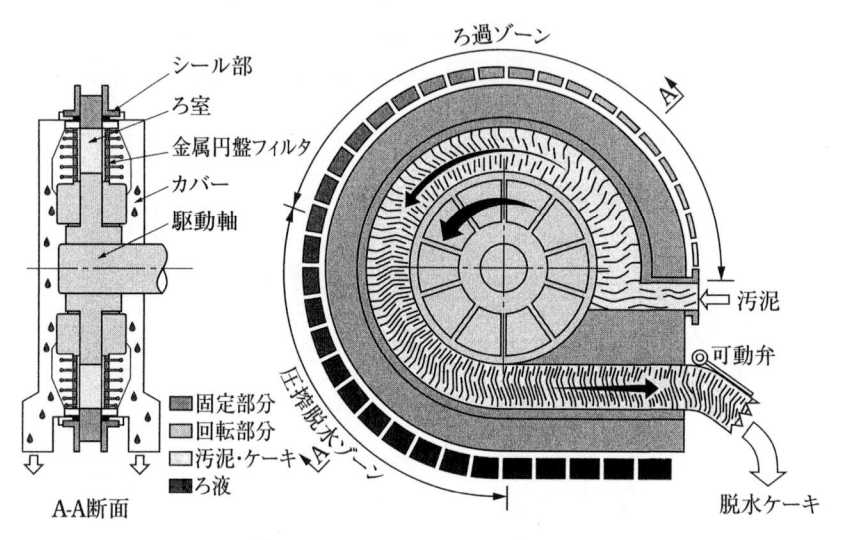

図 3.8　ロータリープレスの構造概略
（日本ガイシ，www.ngk.co.jp）

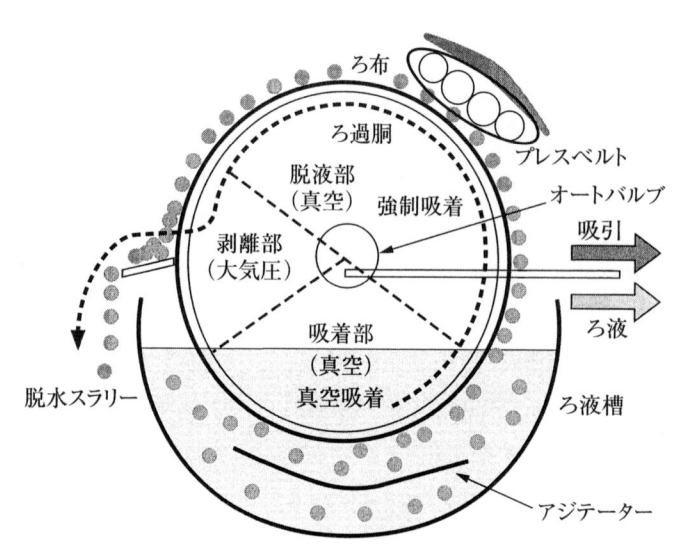

図 3.9　ドラム型真空ろ過機の構造概略
（大機エンジニアリング，http://www.daiki-eng.co.jp）

は $mr\omega^2$ で表される遠心力が働く．ω は角速度であり，物体に働く遠心力と重力 mg の比 Z を求めると，次のようになる．

$$Z = mr\omega^2/mg = r\omega^2/g \tag{3.8}$$

Z は遠心効果（centrifugal effect）と呼ばれるパラメータで，遠心分離効率の程度を示す値として用いられる．ここで，回転速度を $N[\text{s}^{-1}]$，回転半径を r [m] とすると，Z は次のようになる．

$$Z = r\omega/g = r(2\pi N)^2/g \fallingdotseq rN^2/900 \tag{3.9}$$

実際の遠心分離操作には，Z が 1,000～100,000 の範囲となる装置が使用されている．

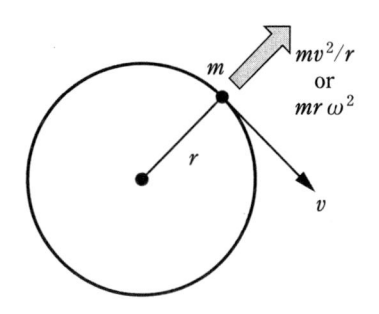

図 3.10 遠心効果の発現

以下，分離機自身が高速回転するものについて概説するが，広義には次項で述べるサイクロンは遠心分離にも分類可能である．
・遠心沈降機：遠心分離による沈降速度 u_{tc} [m/s] は重力のみが作用する場合の終末速度 u_t に遠心効果を乗じたものである．

$$u_{tc} = Zu_t \tag{3.10}$$

上式中の u_t は（3.6）式で求められる値である．

実用化されている形式は様々であるが，基本的には液体を入れた容器を高速で回転させる回分式，円筒容器内に送入した流体を内装された筒や羽根，多数の分離板で高速回転させて，外側から重液，内側から軽液を取り出す連続式に

分類できる．遠心ろ過法は，多数の細孔を有する側壁を持つ円筒容器を高速回転し，遠心力により脱水するものであり，同様に回分式と連続式がある．

C．集じん

気体中に浮遊して存在する液体や固体粒子を総称して**エアロゾル**（aerosol）と呼ぶ．これらは，生成過程の違いから粉じん（dust），フューム（fume：金属系の溶融物質からの揮発物質が凝縮した微粒子），ミスト（mist：液体微粒子），ばいじん（smokedust）など，種々の呼び名がつけられている．特に各種工業装置や廃棄物焼却炉などの排ガスから，これらの浮遊粒子を分離捕集する操作を**集じん**（dust collection）という．また，燃焼・焼却排ガスの初期集じん過程を経て，最終的に集じんされる粒子を**飛灰**（fly ash）と呼ぶ．

粒径が 1 [mm] 程度以上の粒子は，通常，自然沈降するため，集じんの対象となる粒径はこれより小さな微粉である．一方，0.1 [μm] 以下の粒子は**コロイド**（colloid）の性質を持つため，これを捕集するためには粒子同士を合体，顆粒化して見かけの粒径を増加させるなどの工夫が必要となる．

a．重力集じん

大きな容積を持つ容器内に気流を導入して流速を低下させることにより，100 [μm] 以上程度の粒径のダストを自重により沈積させる方式である．低流速で滞留時間が長いほど集じん効率が高い．

b．慣性集じん

じゃま板に気流を吹き付けるなどの方法で急激に流路を曲げると，5 [μm] 程度以上のダスト粒子は慣性によりじゃま板に衝突し，沈積させることができる．平板近傍における気流の流速が小さくなる現象を利用した方式である．

c．サイクロン集じん

旋回気流に生ずる遠心力により，**サイクロン**（cyclone）と呼ばれる円筒容器の内壁にダスト粒子を導き，沈降させる方法である．図 3.11 は気体サイクロンの典型的な構造であり，外筒の内径 D を基準とする標準的なサイズ比を併せて示した．通常の気体流入速度は 10〜25 [m/s] と大きく，この場合に捕集可能な粒径（限界粒子径）は 1〜10 [μm] 程度である．限界粒子径 d_{min} [m] は，おおよそ次式（Rosin の式）で推算可能である．

$$d_{\min} \fallingdotseq \sqrt{\frac{9 \times 10^3 \pi B}{\pi N u \rho_p}} \tag{3.11}$$

ここで，$\mu(\mathrm{P})$ は気体の粘度，B はサイクロン入り口の幅 [m]，u はサイクロン入り口の気体流速 [m/s]，ρ_p は粒子の密度 [kg/m³]，$N(-)$ はサイクロン内の気流の有効回転数で，標準構造では約2となる．$d_{\min}$ は $B^{1/2}$ に比例することより，同一流速では小型のサイクロンほど限界粒子径が小さいことになる．したがって，微粉の捕集では多数の小型サイクロンを用いて並列処理する方式（マルチサイクロン）も採用される．最近は，家庭用掃除機に対してもサイクロン集塵の機構が採用されている．

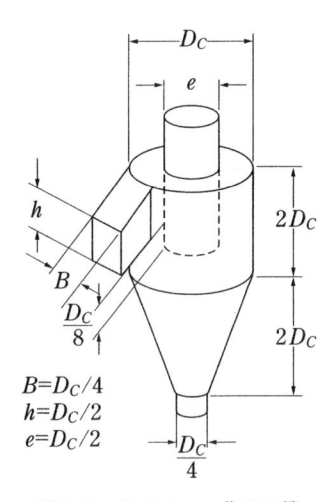

$B = D_C/4$
$h = D_C/2$
$e = D_C/2$

図3.11 サイクロン集じん機

d．電気集じん

ダスト粒子や液体が凝集した粒子であるミスト（mist）を荷電させ，反対の電荷を持つ電極に集めて集じんする装置を**電気集じん機**（EP または ESP: electrostatic precipitator）と呼ぶ．線状の放電極（負極）と滑らかな平板などの集じん極（正極）の間に直流高電圧を印加し，負コロナ放電を発生させる．ダスト粒子は放電により生じた負イオンにより荷電され，集じん極に引き付けられて捕集される．乾式と湿式があるが，後者は集じん極表面に水膜を形成させ，あるいは集じん室内に水噴霧を行うことにより，捕集ダストの再飛散防止

や堆積ダスト層の電気抵抗率低下による捕集効率向上が可能である．ただし，使用した水の浄化と循環利用システムの設置が必要となる．

e．洗浄集じん

気流中に水を噴霧し，微細水滴中にダスト粒子を捕集する方法であり，一般的には**スクラバー**（scrubber）と呼ばれる．図 3.12（a）は一般的なスクラバーの構造を示しており，気流に対し数段の噴霧を行うものである．高温排ガスの冷却塔にも同様な機構が採用される場合があり，排ガス急冷による揮発物質の凝縮と，これによって生成した粒子を含むダスト捕集機能を同時に果たす．また，噴霧水滴に溶解可能なガス成分の吸収による排ガス洗浄も重要な機能に位置づけられる．図 3.12（b）はガス導入チューブ径をいったん絞り込み，再度広げる機構を持つベンチュリスクラバー（venturi scrubber）と呼ばれる機構である．洗浄水はベンチュリスロート（venturi throat）と呼ばれる最小内径部付近に導入され，ガスの膨張に伴って水滴が均一分散することにより，高い集じん効率が得られる．図 3.13 はスプレー塔，噴霧塔あるいは減温塔と呼ばれる装置で，空塔内に数段の水スプレーを設けた比較的簡単な構造を持つ．通

(a) 一般的なスクラバー　　　(b) ベンチュリスクラバー

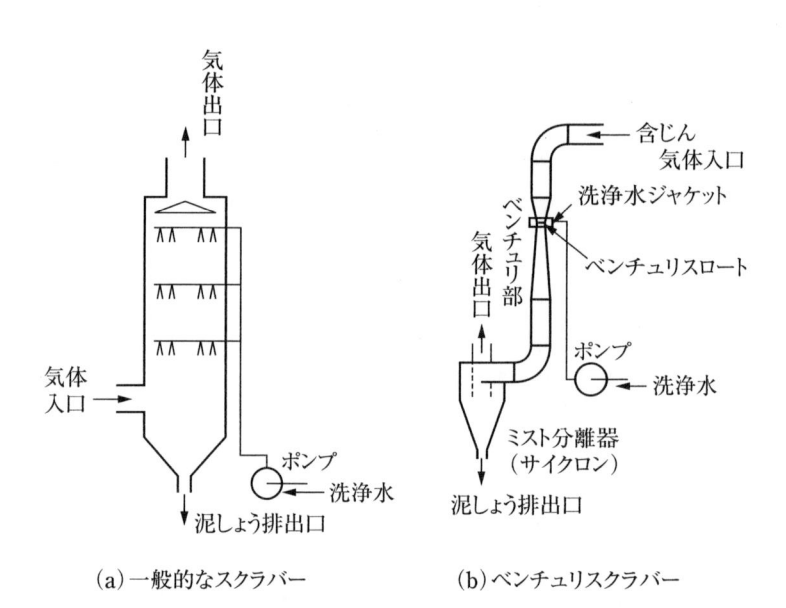

図 3.12 スクラバーの構造概略
（岡田　功，金子　賢：化学工学入門，p.75，オーム社，1989）

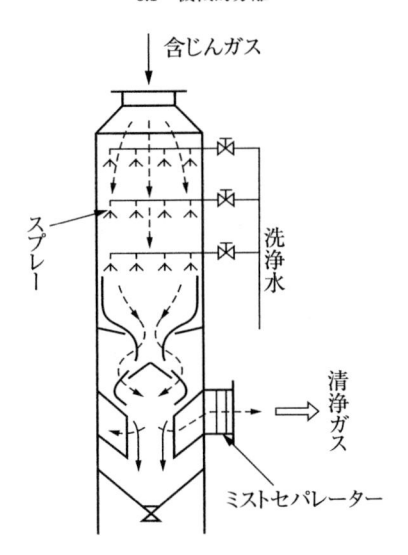

図 3.13 スプレー塔式集じん装置
(公害防止の技術と法規編集委員会編：公害防止の技術と法規　ダイオキシン類編, p.89, (社) 産業環境管理協会, 2004)

【コラム9　ダイオキシン類の生成ルート】

廃棄物焼却や金属素材の乾式リサイクルから排出されるダイオキシン類の主な原因物質は，有機物の不完全燃焼によって生成する未燃炭化水素であることが知られている．ダイオキシン類の生成ルートとしては，次の2つの生成ルートが考えられている.

1) 前駆物質からの有機化学反応による生成

クロロベンゼンなどのように，ダイオキシン類分子の構成要素である炭素6員環（ベンゼン環）を持つ分子が反応してダイオキシン類になる反応（下図参照）．

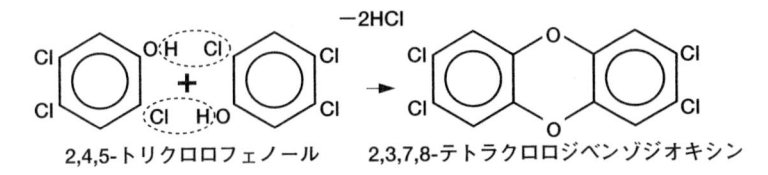

2,4,5-トリクロロフェノール　　　2,3,7,8-テトラクロロジベンゾジオキシン

2) de novo（デノボ）合成反応による生成

燃焼排ガスに含まれる飛灰中の「すす」などの炭素系粒子からダイオキシン類が生成する反応．de novo とは「新しい，新しく」という意味であり，不特定の炭素系物質からの生成を表現している．「すす」中の炭素は非結晶質の場合が多いが，局所的には炭素6員環が集合した構造を持つ．このような炭素が 200〜500℃ の低温で酸化される際に，その構造を保持しながら反応し，ダイオキシン類構造を形成する可能性も否定できない．このような現象はダイオキシン類の「再合成」とも呼ばれる.

常の排ガス流速は 1～2 [m/s] で，圧力損失が極めて小さい特徴を持つ．廃棄物焼却炉の排ガス減温塔も同様の構造を持つが，200℃以下程度までの排ガス冷却によるダイオキシン類の再合成反応（【コラム 9　ダイオキシン類の生成ルート】参照）防止が主要目的である．

f．ろ過集じん

従来型の家庭用掃除機に多く採用されているような袋形のろ布（**バグフィルター**，bag filter）により，気体中のダスト粒子を捕集する方式である．ガス流量およびダスト密度が大きい工業装置の場合は，多数のフィルターを並列使用して集じん効率を上昇させると共に，圧縮空気などで定期的に逆方向からの圧力衝撃を与え，積層したダスト層を払い落とすパルスジェット（pulse jet）式（図 3.14 参照）が採用される．スラリーのろ過（3.1.2, A 項参照）で形成さ

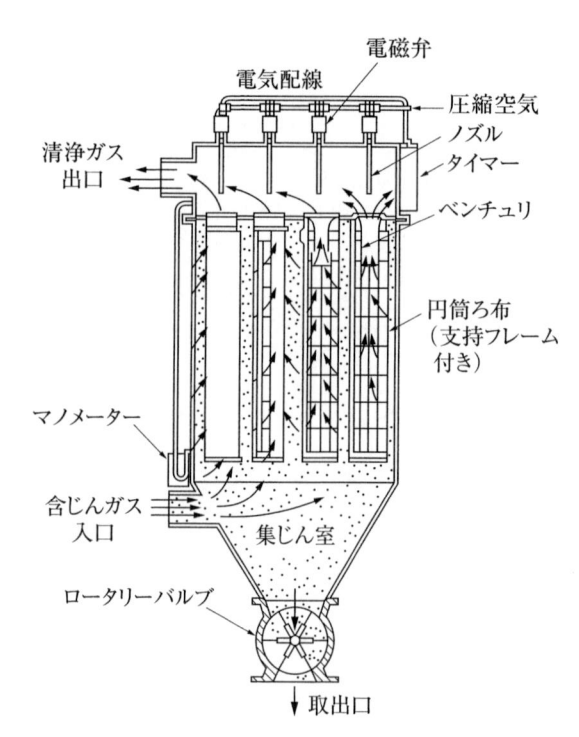

図 3.14　バグフィルター式集じん装置
（公害防止の技術と法規編集委員会編：公害防止の技術と法規　ダイオキシン類編，p.67, (社) 産業環境管理協会，2004）

れるケーキと同様，ろ布面に形成されるダスト層自身がろ過機能を持ち，捕集効率向上と限界粒子径の低下に寄与する．

g．音波集じん

流体に音波を照射すると，ダスト粒子が波長に応じた節の箇所に集まる性質を利用して，粒子を合体・凝集させるもの．音波照射による NOx 分解反応の促進効果などを複合化した高度処理が検討されている．

D．風力分離

風力分離（pneumatic separation）は，廃プラスチック，シュレッダーダスト（shredder dust）から金属やセラミックス片を除去する場合など，密度や形状が大きく異なる物体間の分離に適用される．原理的には 3.1.1，B 項で述べた流体中に置かれた物体の「終末速度」の相違を利用する分離に類似する．ある物体をその終末速度より大きな流速のガス上昇流内に置くと物体は上昇し，密度の大きな物質との分別回収が可能となる．風力分離装置は，吹上げ式・吸引式・密閉式の 3 方式に分類できる．

a．吹上げ式風力選別機

図 3.15 に示すように，下部に流速変動が小さい送風機があり，整流された空気が上方に送られる．選別対象物は初期の垂直方向運動エネルギーがなるべく小さくなるように，水平投入される．密度や**形状係数**（shape factor）[2]が大きい物体は落下し，軽量物は上昇することによって分離補集される．

b．吸引式風力選別機

垂直ダクト内の上昇流に分離対象を装入し，重量物をダクト下部で回収すると同時に，ガスをサイクロン内に導いて軽量物や微粒子を空気から分離捕集する構造になっている．サイクロン上部のファンで空気吸入する方式が一般的であり，ダスト排出が少ない特徴を持つ．

c．密閉式風力選別機

図 3.16 に示すように，分離用空気が装置内を循環する構造になっている．コラムと呼ばれる空間の上昇流によって重量物は落下し，軽量物は拡散室へ移

---

[2] 対象とする物体（粒子）と同体積を持つ球の表面積を実際の表面積で割ったパラメータであり，1 に近いほど形状が球に近く，表面凹凸が小さいことを意味する．

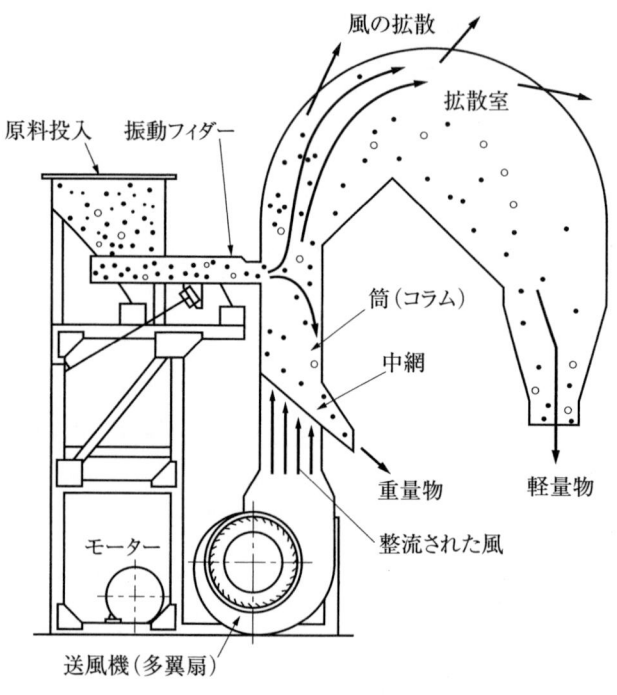

図 3.15 吹上げ式風力選別機
（農林水産省，http://www.maff.go.jp）

送されて分離捕集される．

E．磁力分離

磁力分離（magnetic separation）は，磁界内において，磁性の異なる物体に働く力が異なることを利用した分離法である．金属製錬用鉱石の選鉱には湿式の磁力分離が採用される場合が多いが，廃棄物に対しては脱水や乾燥工程の煩雑さに伴うコスト上昇を避けるため，乾式法が多用される．永久磁石あるいは電磁石が使用可能だが，廃棄物処理では維持費が少なくてすむ永久磁石を用いる場合が多い．

廃棄物の選別・分離に使用される**磁選機**の原理は比較的単純であり，回転する磁石ローラー，ベルトコンベアー回転軸やコンベアー上部に磁石を設置するベルトタイプなどが用いられる．図 3.17 は磁石を上部に配置したベルトタイプ磁選機の概略図である．コンベアーで運ばれた物体の中で，鉄類など磁石に

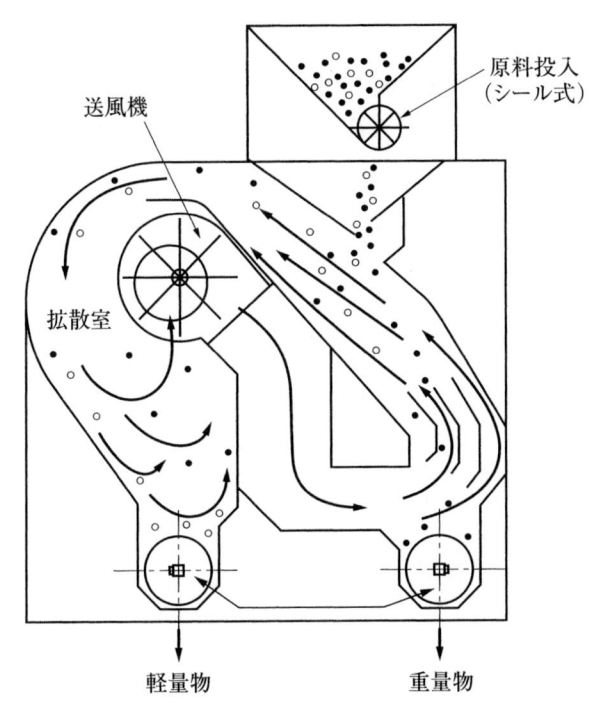

図 3.16 密閉式風力選別機
（農林水産省, http://www.maff.go.jp）

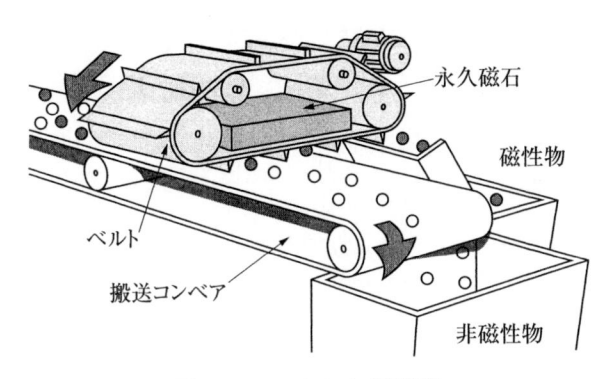

図 3.17 ベルトタイプ磁選機
（カネテック株式会社, http://www.kanetec.co.jp）

付く性質を持つものは，上部の磁石に引き付けられて分離捕集される．

F. 静電選別

強い電界中にある良導体と絶縁体が示す挙動差を利用した分離法で，物質表面に生じる分極を利用するものである．物体が置かれた電極面をアース（接地）すると，良導体の表面は全てが接地面と同じ電荷を持つようになり，逆の符号を持つ電極側への引力が生じる．一方，絶縁体では電荷移動が遅いため引力が働かず，良導体との分離が可能となる．

帯電方法によって，以下の種類に分類できる．

a．摩擦帯電式

物質を一旦こすり合わせてから再び離すと，物質種に応じてプラスかマイナスに帯電する現象を利用するもの．図 3.18 に示すように，左右の供給口から分離対象となる物質の混合物を供給し，まず，装置上部のじょうご状の容器内部において物質同士の接触で摩擦帯電を起こす．その後，その下に置かれた電極板間を自由落下させると，帯電した電気と逆の電極板に引きつけられる結果，帯電性質が異なる物質が中央部と周辺部にそれぞれ分離捕集される．従来はリン酸塩鉱物と石英の分離に使用されてきたが，現在はプラスチックの相互分離に適用するための検討が行われている．

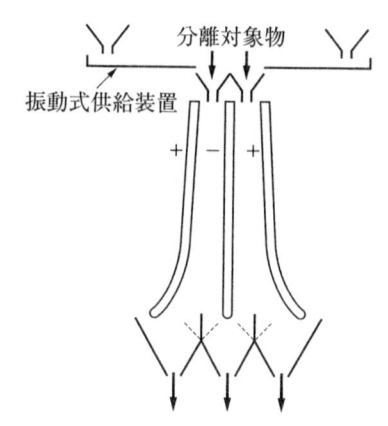

図 3.18 摩擦帯電型選別装置
（松島範行環境都市計画研究所，http://www.53sys.com）

b．静電誘導式

基本的な構造を図 3.19 に示す．一旦分極した良導体はすぐに接触したドラ

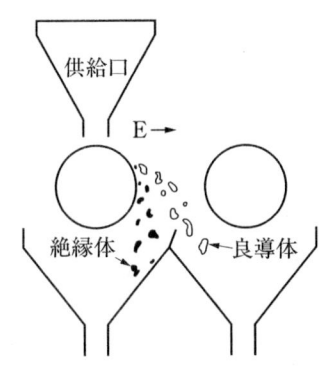

図 3.19 静電誘導型選別装置
(松島範行環境都市計画研究所, http://www.53sys.com)

ム電極と同じ電荷となり,斥力が生じる.これに遠心力が加わり,ドラムから離れていく.一方,絶縁体は分極したままの状態を維持し,**鏡像力**(image force)によりドラム表面に引き付けられるため,分離可能となる.

c. コロナ放電式

コロナ放電(corona discharge)を利用して物質を帯電させる方法であり,装置は静電誘導型と似た構造を持つ.鋭い先端を持つ電極により空気をイオン化し,生成イオンがドラム表面に照射されることにより,物体が帯電する.このとき,電極先端で発光する現象がコロナ放電である.通常,電極をマイナスとし,物質をマイナスに帯電させる.この方法はイオンが電極間を移動しているため,厳密には「動電」型とみなすこともでき,**高電圧選別**(high-tension separation)と呼ぶことがある.

最近では分離効率を高めるため,コロナ放電用と静電誘導用の2つの電極を備える装置が主流になっており,0.1〜6 [mm] 程度のサイズの粒子分離が可能であり,銅線と被覆PVCや破砕した電子基板からの金属分離などに応用されている.

G. 渦電流分離

時間あるいは空間的に変化する磁界内に良導体が置かれたとき,内部に誘導起電力により**渦電流**(eddy-current)と呼ばれる電流が発生する.これにより,磁界から遠ざかろうとする反発力が働き,この力を利用するのが渦電流分

離（eddy-current separation）である．力の大きさは物質の電導率を物質の密度で割った値に比例しており，比較的比重が小さいアルミニウムやマグネシウム，それらの合金などで高い値を示す．以下，渦電流を使用した主な分離装置を示す．

a．リニアモータ式

リニアモータが生起する磁界上でベルトを動かし，相対的な磁界変化によって生ずる渦電流によって，金属片のみをスライドさせて分離する方式．本方法には装置の冷却が必要であり，電力コストが大きいなどの理由で広く採用されるには至っていない．

b．ベルトタイプ式

リニアモータ式のように分離対象物質を水平に移動させるのではなく，ベルトコンベアー上の良導体を大きく飛ばして分離する方式．コンベアーを動かすためのドラムの内側にN極とS極を交互に配置した電磁石を固定し，金属片内部に渦電流を起こして勢いよくはじき飛び出す仕組みになっている．

c．偏心磁石渦電流式

最近は，電力コストを削減するため，上記の各方式で使用される電磁石ではなく，自転する永久磁石を利用する方法が採用されている．図 3.20 に示すように，ドラム軸とは異なる中心軸で磁石を回転させるもので，回転周期を任意に設定できる．これにより，大きな反発力を生むことができ，大きな金属片の分離も可能となる．鉄やニッケルなど磁性を持つ物質，アルミニウムなど渦電流が生じる物質，プラスチックなどいずれも作用しない物質の3つに分離することも可能である．

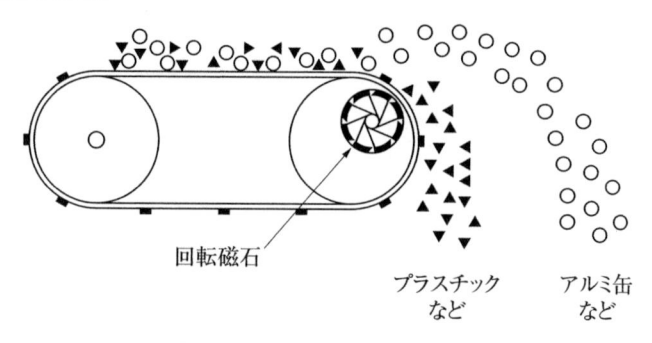

図 3.20 偏心磁石過電流式選別機

3.2 浮遊分離（表面性質差を利用する粒子回収）

浮遊分離（flotation または floatation）は粒子表面の**ぬれ性**（wettability）の差を利用する固液分離操作であり，従来から鉱石微粒子から有用成分を濃縮分離する方法（**浮遊選鉱**）として採用されてきた．浮遊選鉱の操作は次のように行われる．まず，鉱石を破砕，粉砕（crushing, grinding）する．このとき，必要成分を多く含む粒子と不純物（脈石，gangue）粒子が明確に区別できるまで破砕する必要がある（単体分離，liberation）．これを水などの液体に分散・懸濁させた後，界面活性剤を加えて目的の鉱物表面を疎水性（hydrophobic）とする．このとき，懸濁液中に多量の気泡を導入すると，気泡表面に疎水性となった鉱石微粉が付着して浮上するため，これを分離，回収する．粒子が十分に細かい場合，その浮選分離挙動は表面の性質に支配され，比重にはあまり影響されない．したがって，比重が比較的大きな物質に対しても適用が可能である．最近は，重金属イオンや有機物粒子の分離など，多方面の分野での適用例がある．

固体表面のぬれ性を現す重要なパラメータとして，**接触角**（contact angle）がある．図 3.21 に示すように気相の中に固体平面 B に付着した液相があるとき，気相−液相−固相の 3 相が接する箇所において，液相の接線と固相面が示す角度 θ を接触角と呼ぶ．接触角が大きいほど固体は水に濡れにくい性質を持つ．気−固，固−液，気−液の各界面張力をそれぞれ γ_{G-S}, γ_{S-L}, γ_{G-L} とすると，次式が成り立つ．

$$\cos\theta = (\gamma_{G-S} - \gamma_{S-L})/\gamma_{G-L} \tag{3.12}$$

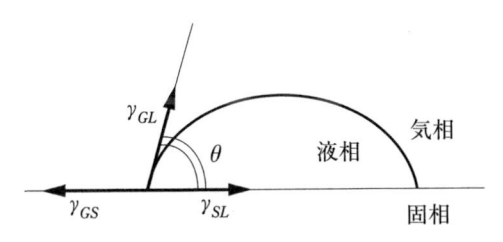

図 3.21 気相−固相−液相の接触点と接触角（θ）

プラスチックは本来接触角 θ が大きい疎水性の性質を持ち，自然浮遊性を示すが，PVC（polyvinyl chloride），PET（polyethylene terephthalate），PE（polyethylene）などプラスチックの種類別分離を行う場合には，リグニンスルホン酸ナトリウムなどの湿潤剤の併用や溶液の pH 制御により選択的な親水性（hydrophilic）化が必要となる．混合廃プラスチックからの PVC の単分離や廃自動車や廃家電のシュレッダーダストに含まれるプラスチック分別などへの応用が期待されているが，実用化のためにはさらなる技術的開発の余地が残されている．

3.3 均一相の分離（平衡分離と速度差分離）

ここまで，固体粒子をサイズ，比重，形状差に基づいて選別する方法や，流体から液滴や固体粒子を除去・回収する分離方法について述べてきた．しかし，混合物が均一な相を形成する場合，このような機械的，物理的な手法では分離・濃縮が難しい．このため，外部からエネルギーを与えたり，分離剤を加えたりして，均一相に対して変化を与える方法が採られる．変化を生じさせた後の平衡状態において，新たに生成した別相などとの組成差を利用する操作を**平衡分離**（equilibrium separation），各成分に移動速度差がある場合に生ずる組成変動を利用する操作を**速度差分離**（kinetic separation）と呼ぶ．

3.3.1 平衡分離

加熱，冷却，加圧，減圧などによる相変化や分離剤添加によって別相が形成されると，それぞれの相間には成分に応じた濃度差が生じる．これは，各成分の異相間の**化学ポテンシァル**の差を駆動力とする物質移動に起因する．最終の平衡状態では，当然，どの相でも各成分の化学ポテンシァルは等しい．しかし，対象成分と各相との相互作用が異なれば，各相での平衡濃度はそれぞれ異なる．このように，平衡状態での異相間の組成差を利用するのが平衡分離である．

例えば，エタノール水溶液系において，共沸点（エタノール濃度約 89 [mol%]，78.2℃）以下の組成の溶液を加熱すると，気相（蒸気）中のエタノール組成は相対的に高くなり，これを凝縮すればエタノールの濃縮が可能である（図 3.22）．これは平衡状態での気相と液相のエタノール濃度が異なることを利

用した平衡分離操作であり,「**蒸留** (distillation)」と呼ばれ,古くから蒸留酒製造などに用いられている.揮発させた蒸気を冷却・凝縮して得られた濃縮液に対し,再度蒸留を繰り返す方法(多段法)によって,次第に共沸点に近い組成の濃縮液が得られる.しかし,段数が多くなれば残液も増加して分離効率が低下するため,残液を連続的に前段へ再供給する**向流多段法**が採用されている.

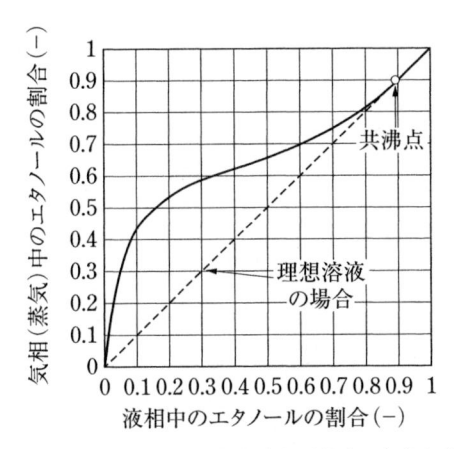

図 3.22 エタノール-水系の液相組成と平衡する気相組成の関係

3.3.2 速度差分離

平衡状態において組成差がなくても,相変化や分離剤添加時に物質移動が起こる場合,各成分の移動速度差によって生じる組成変動を利用した分離が可能である場合がある.このような現象や状態を利用する分離を**速度差分離**と呼ぶ.物質が移動するためには濃度こう配,圧力こう配,電位こう配,温度こう配,外力などの駆動力(推進力:driving force)が必要である.

3.4 蒸留(気相と液相間の平衡分離)

ある組成を持つ液相を加熱すると,一般的にはこれと異なる組成の気相(蒸気)が生成することが多い.例えば,高揮発成分 A と低揮発成分 B の液体混合相において,x_i を液相中,y_i を気相中の i 成分の平衡濃度とすれば,各成分の**分配係数** (partition (distribution) coefficient) K_i は

$$K_i = y_i/x_i \tag{3.13}$$

と表される．今，成分 A, B の液相および気相での平衡組成比である**分離係数**（separation factor）α_{AB} を導入すると，

$$\alpha_{AB} \equiv (y_A/y_B)/(x_A/x_B) = K_A/K_B = (p_{A,\text{sat}}/p_{B,\text{sat}})(\gamma_A/\gamma_B) \tag{3.14}$$

ここで，$p_{i,\text{sat}}$, γ_i はそれぞれ，i 成分の飽和蒸気圧および**活量係数**（activity coefficient）である．この関係を用いることにより，例えば，A, B 2 成分系において，気相中の A 成分の平衡組成 y_A は次のように表すことができる．

$$y_A = \alpha_{AB} x_A / (\alpha_{AB} x_A + 1 - x_A) \tag{3.15}$$

食塩（塩化ナトリウム）水溶液の蒸留処理のように，溶質が不揮発性とみなせる場合は，(3.14) 式中の y_B はほぼ 0 と考えられるため，分離係数 α_{AB} は無限大に近似できる．このような場合は分離操作に対して水の揮発速度のみが影響を与えることになるが，このような場合でも分離システム最適化によるエネルギー効率の上昇は重要な検討事項である．

3.5 液液抽出，吸着（分離剤と液相・固相間の平衡分離）

分離対象とする A 成分が溶け込んでいる溶媒 B 中に，これと均一相を形成せず A を溶解しやすい抽出剤 C を加えると，A 成分は C の相に移行して分離が可能となる．このとき，成分 A は B と C 中の平衡濃度差によって分離される．この場合の分離係数は，抽出相を E, 残相を R とすれば，

$$\alpha_{AB} \equiv (x_{AE}/x_{BE})/(x_{AR}/x_{BR}) = K_A/K_B \tag{3.16}$$

となり，蒸留操作と同様の取り扱いが可能である．

この場合，分配係数は抽出剤の種類によって変化する．分離剤を添加しなくても，例えば，加熱と加圧により超臨界相を形成させれば，溶解する物質の種類，溶解度が大きく変化することが知られている．**超臨界流体抽出**の一部はこのような変化を利用したものである．

また，気相や液相に活性炭など固体吸着剤を添加すると，細孔内表面に**物理**

吸着および化学吸着（【コラム10　吸着】参照）が起こる．ここで，A，B 2成分の混合気体の吸着剤表面に対する吸着がラングミュア（Langmuir）型であると仮定すれば，分離係数は次のようになる．

$$\alpha_{AB} \equiv (q_A/q_B)/(p_A/p_B) = K_A/K_B \tag{3.17}$$

ここで，p_i は各成分の分圧，q_i は吸着量，K_i は吸着平衡定数である．

　もし，成分 B が非吸着性である場合は $K_B = 0$ となり，α_{AB} は無限大となる．吸着剤を選択することにより，このような条件で吸着操作を行うことができれば，特定の物質のみを選択的に分離することが可能である．**バイオアフィニティ吸着**（【コラム11　バイオアフィニティ吸着】参照）はその典型である．吸着，抽出と流体相の移動を組み合わせた分離法として，**クロマトグラフィー**（chromatography）**法**があり，成分分析法の原理としても利用されている．

【コラム10　吸　着】

　物質の表面に気体や液体分子が濃縮する現象が**吸着**（adsorption）である．これは，物質の表面がその内部よりエネルギーの高い状態にあり，これを安定化するために起こる現象である．一方，表面を通して分子が物質内部まで入り込む（溶解など）現象を**吸収**（absorption）と呼ぶ．両者を区別せずに**収着**（sorption）と呼ぶ場合もある．

　吸着分子と表面の間に反応が起こらない吸着を**物理吸着**という．これは，気体分子の吸着に多く見られ，吸着速度が大きく，吸着分子の離脱（**脱着**，desorption）が容易である．一方，吸着分子と表面の間に化学結合や反応が生じるものを**化学吸着**という．化学吸着は不可逆現象であり，一般的に吸着速度が小さく，脱離速度も小さい．

　吸着のモデルとして頻繁に適用される**ラングミュア吸着**は，厳密には単分子層吸着および吸着分子間の相互作用が無視できることを仮定した化学吸着に対応する．しかし，活性炭やゼオライトへの吸着では，細孔内で多分子吸着層が形成できないため，近似的にラングミュア吸着型を仮定できる場合が多い．

【コラム11　バイオアフィニティ吸着】

　吸着剤は通常，多くの成分に対して吸着能を持つため，他成分系から単一成分のみを分離回収することは難しい．一方，生体には多くの物質認識機能が備わっており，それぞれが生命維持に不可欠な要素になっている．例えば，酵素は対応する基質のみに作用し，ホルモンは特定のレセプターのみに結合する．このように生体が示す選択的吸着を**バイオアフィニティ吸着**と呼ぶ．これを利用した分離操作例としては，特殊な抗体を用いる遺伝子組み換え細胞培養液からのインターフェロンの濃縮分離などがあり，一段で1,000倍以上の濃縮が可能である．

3.6 ガス吸収（分離剤と気相間の平衡分離）

　混合ガスから適当な溶媒（吸収剤）を用いて特定成分を除去，精製する操作は，従来から多く利用されている．一方，アルカノールアミン水溶液を吸収剤とする焼排ガス中 CO_2 の分離操作は地球温暖化への対策技術として検討が続けられている最近の分離技術の一つである．

　ガス吸収は，化学反応を伴う**反応吸収**と，吸収剤に対する各成分の溶解度差のみを利用する**物理吸収**に大きく分類できる．表3.3にそれぞれに対する分離対象物質と吸着剤の例を示す．

表 3.3　ガス吸収の分離対象と吸収剤の例
(柘植秀樹，上ノ山周ら：応用科学シリーズ　化学工学の基礎，p.127，朝倉書店，2003 より)

型		溶質	吸収剤
物理吸収		アセトン	水
		アンモニア	水
		ホルムアルデヒド	水
		塩化水素	水
		ベンゼンとトルエン	炭化水素オイル
		ナフタレン	炭化水素オイル
反応吸収	不可逆	二酸化炭素	水酸化ナトリウム溶液
		シアン化水素酸	水酸化ナトリウム溶液
		硫化水素	水酸化ナトリウム溶液
	可逆	塩素	水
		一酸化炭素	アンモニウム第1銅水溶液
		$CO_2 + H_2S$	モノエタノールアミン（MEA）水溶液あるいはジエタノールアミン（DEA）
		窒素酸化物	水

3.7 膜分離（膜通過の難容に基づく速度差分離）

　図3.23に示すように，多孔質薄膜で仕切られた一方の部屋を高真空とし，もう一方に $A-B$ の2成分混合気体を連続供給する場合を考える．このとき，薄膜内での分子の移動が**クヌーセン**（Knudsen）**拡散**[3]によるとすれば，両成分の流速比（N_A/N_B）は次のようになる．

3.7 膜分離

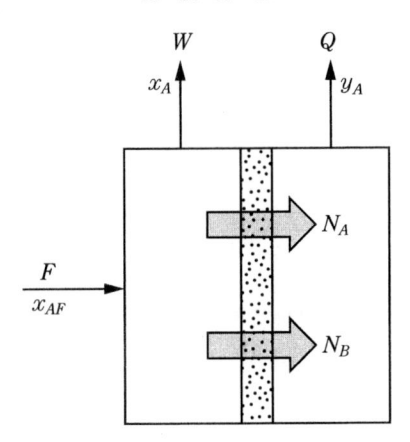

図 3.23 多孔質膜を用いた気体の膜分離

表 3.4 膜分離の対象物と分離範囲

分離対象（駆動力）		膜の名称	分離範囲
液体分離	圧力差	精密ろ過膜	0.1～1 μm の粒子や微生物を通過させない膜．気体分離にも適用可能
		限外ろ過膜	2 nm～0.1 μm の粒子や高分子を通過させない膜
		ナノろ過膜	2 nm 以下の粒子や高分子を通過させない膜
		逆浸透膜	膜を介して浸透圧差以上の圧力を高濃度液側に加え，溶質を濃縮させる膜
	濃度差	透析膜	濃度差により膜を介して溶質が移動する液体透過膜
		液膜	液相を分散したマトリックスを持つ膜
	電位差	イオン交換膜	膜内に荷電基と可動イオンを持ち，他イオンと交換可能な膜
気液系分離膜		透過気化(PV)膜	液体中の特定成分を選択的に揮発透過可能な膜
		脱気膜	液体中のガス成分が透過できる膜
		給気膜	通過可能な気体を液中に溶解させる膜
気体分離膜		脱湿膜	水蒸気を透過，除去する膜
		酸素富化膜	酸素を透過，濃縮する膜
		窒素富化膜	窒素を透過，濃縮する膜
		有機ガス透過膜	有機ガスを透過，濃縮（除去）する膜
反応膜		酸素固定膜	精密ろ過，限外ろ過膜の多孔面に酸素を固定した膜
		触媒膜	多孔質表面に触媒微粒子を固定した膜

$$N_A/N_B = (x_A/M_A^{1/2})/(x_B/M_B^{1/2}) \tag{3.18}$$

ここで，N_i は i 成分の膜透過流速，M_i は i 分子の分子量である．これより，分離係数 α_{AB} は，

$$\alpha_{AB} \equiv (M_B/M_A)^{1/2} \tag{3.19}$$

となる．分離係数は膜の分離性能を表す基準となるが，実際の分離操作の効率は，図 3.23 中の気体 W と Q 中の各成分の収支から求められる．

表 3.4 に膜分離の対象物と分離範囲，および表 3.5 に分離膜の素材と特徴をそれぞれまとめた．

表 3.5 分離膜の素材と特徴

種類	膜の素材	膜の特徴
高分子膜	均質膜	膜厚方向に均一の構造と透過性を持つ膜
	多孔膜	多くの孔が存在する膜で，主として精密ろ過に適用される
	非対称膜	2つ以上の層や形態から成り，傾斜構造を持つ膜
	複合膜	化学的または構造的に異なる複合表面を持つ膜
	照射・エッチング膜	イオン照射とエッチング処理による均一孔を特徴とする膜
	液膜	液相を分散したマトリックスを持つ膜
	イオン交換膜	膜中に荷電基と可動イオンを持ち，他のイオンと交換可能な膜
無機膜	セラミック膜	セラミックから成る膜で，精密ろ過，限外ろ過に適用される
	ゼオライト膜	ゼオライトから成る膜
	炭素膜	炭素から成る膜
	金属膜	金属から成る膜

---

3) 細孔（気孔）径が気体原子・分子の平均自由行程に比べてかなり小さい場合，気体分子が細孔壁にぶつかりながら運動する確率が大きくなる．このように，細孔径が小さく，細孔壁の影響が大きくなる拡散様式をクヌーセン拡散という．

3.8 金属の融体化学的分離（乾式製錬）

通常の金属製錬は，酸化物や硫化物など高い酸化数で安定化している金属元素に電子を与え（広義の還元反応を進行させる），遊離した金属素材を得ると共に，原料に随伴する不純物（脈石など）を分離する工程と言える．これらの工程は基本的には，

- 乾式製錬（pyro-metallurgy）：石灰などの溶剤（フラックス，flux）を添加して，高温で融体化あるいは揮発させる方法
- 湿式製錬（hydro-metallurgy）：常温付近で酸により抽出するなど溶液化する方法
- 電解製錬（electro-metallurgy）：溶融塩や水溶液中で電解する方法

に分類できるが，非鉄金属の製錬はこれらの組み合わせによって最終素材を得る場合も多い．ここでは，鉄鋼，銅，亜鉛，シリコンを取り上げ，融体化学的分離法（乾式製錬）について概説する．

3.8.1 鉄鋼製錬

鉄鋼は現在，「高炉・転炉法」と「電気炉法」の2つの方法で生産されている．前者では，まず酸化鉄（Fe_2O_3 や Fe_3O_4）を主成分とする**焼結鉱**（【コラム 12　焼結鉱】参照）やペレットを，高炉（blast furnace）と呼ばれる反応器に装入し，コークスや微粉炭を燃料および還元剤として用い，高温で還元・溶融する．高炉下部で溶融した鉄（**銑鉄**，pig iron）は，石灰などフラックス成分や鉱石中の脈石成分が溶融して形成した**スラグ**（slag）と共に排出される．銑鉄はそのままでは靭性に乏しく，過剰に含まれる炭素および他の不純物を除去する必要がある．このため，溶融状態のまま転炉（converter）と呼ばれる回分式の反応容器に運ばれ，さらに酸素吹き込みやフラックスを用いた精錬を行い，鋼を製造する．一方，電気炉（electric arc furnace：EAF）法では，主原料である鉄スクラップをアーク（arc）加熱して溶解し，成分を調整して鋼を造る．なお，電気炉製鋼法は鉄鋼素材の主要再生プロセスであり，4.1.1 項で詳しく述べる．

高炉は図 3.24 に示すように「とっくり」型をした変形円筒容器であり，大

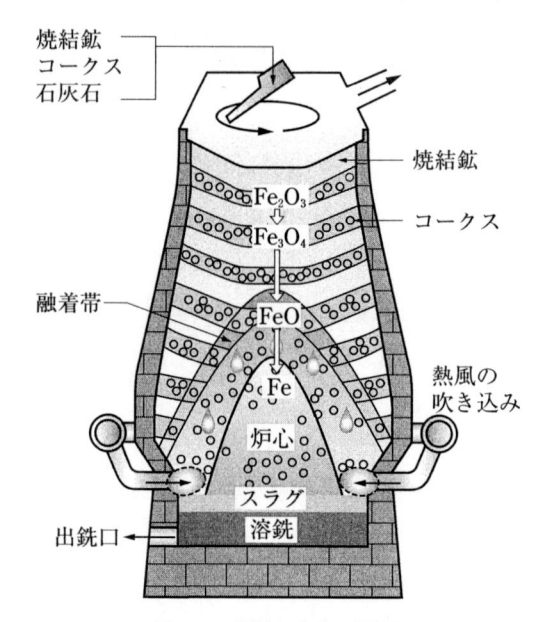

図 3.24 製鉄用高炉の断面
（新日本製鐵㈱, http://www0.nsc.co.jp/monozukuri/vol08.html）

きなものでは内径 17 [m], 炉内の高さ 35 [m], 炉内の容積 5,500 [m^3] の巨大反応器である．炉の有効容積 1 [m^3] 当たり，1日2トン以上の銑鉄が生産可能であり，1炉で1日 13,000 トンを超える生産量も報告されている．炉頂からは焼結鉱とコークスが交互に層状に積み重なるように装入される．炉頂から降下してきたコークスは，炉下部から吹き込まれる高温空気中の酸素と反応し，CO, H$_2$ などの還元性ガスを発生しつつ，炉内を降下する．一方，これらの還元性ガスは炉内を上昇しながら鉱石中の酸化鉄を金属鉄へと還元する（反応式 (3.20)，(3.21)）．また，還元により生成した CO$_2$ や H$_2$O はコークス表面と反応し，還元性ガスに再生（反応式 (3.22)，(3.23)）され，還元反応を繰り返す．

$$Fe_2O_3 + 3CO \rightarrow 2Fe + 3CO_2 \qquad (3.20)$$

$$Fe_2O_3 + 3H_2 \rightarrow 2Fe + 3H_2O \qquad (3.21)$$

$$CO_2 + C = 2CO \qquad (3.22)$$

$$H_2O + C = H_2 + CO \qquad (3.23)$$

酸化鉄の還元により生成した鉄は炭素を含んだ銑鉄となって溶融し，炉底部に蓄積されていく．この間，鉱石やコークス中に含まれる酸化珪素（SiO_2），酸化アルミニウム（Al_2O_3）などの不純物は，添加されたフラックスと共に**スラグ**（slag）と呼ばれる混合酸化物融体を形成し，溶融した銑鉄の上に浮かぶ形で蓄積される．銑鉄とスラグは高炉から同時に取り出され，比重差により分離される．両者の分離性を向上させるため，石灰（CaO）や**酸化マグネシウム**（MgO）などを添加し，スラグの流動性を確保している．

高炉で作られた銑鉄には鋼として使用するためには過剰の炭素（約 4.3%）が入っており，珪素，リン，硫黄なども除去する必要がある．これらの成分除去は，珪素，リン，硫黄の順番で行われ，最後に炭素除去（0.04%程度まで低下）が行われる[4]．いずれの場合も不純物はスラグに移行して除去され，炭素は CO および CO_2 ガスとして排出される．表 3.6 にそれぞれの成分除去のために使用する添加剤をまとめる．

表 3.6　溶銑の不純物とその除去に使用する添加剤

除去対象	添加剤の例	添加剤の主成分
珪素（Si）	酸化鉄粉（砂鉄，焼結鉱，圧延スケールなど）	Fe_2O_3, Fe_3O_4
リン（P）	生石灰，酸化鉄粉（焼結鉱，圧延スケールなど），蛍石	$CaO, CaF_2, Fe_2O_3, Fe_3O_4$
硫黄（S）	生石灰，ソーダ灰，カルシウムカーバイト，マグコーク	$CaO, NaCO_3, CaC_2, Mg$
炭素（C）	酸素吹き込み，酸化鉄粉（鉄鉱石，焼結鉱など）	O_2, Fe_2O_3, FeO_4

3.8.2　銅の乾式製錬

銅（Cu）の乾式製錬は，主に硫化銅鉱（Cu 濃度 0.5〜2%）を選鉱処理して得た微粉精鉱（Cu 濃度 25〜35%）を対象に行われている．製錬工程の概略を図 3.25 に示す．まず，精鉱を 1,150℃程度に保持した製錬炉内に空気と共に装入する．ただちに発熱反応である FeS の酸化が起こり，生成した FeO は SiO_2 と共にスラグを形成する．これは，Fe の酸素との親和性が Cu より強いため

---

[4] 転炉以降の精錬工程：高品質鋼製造のために，転炉精錬以降にさらに 2 次精錬を行う場合がある．2 次精錬では真空装置を用いて主に溶鋼に溶け込んでいる酸素，窒素，水素などのガス成分除去や硫黄や炭素のさらなる除去が行われる．

【コラム 12 焼結鉱】

我が国では鉄鉱石の全量をオーストラリア,ブラジルなど海外から輸入している.一部,塊鉱と呼ばれる粒度の大きな鉱石が含まれるが,大部分は粒径が 8 mm 程度以下の粉鉱石である.これをそのまま直接高炉に装入すると,炉内のガス流れを維持できずに高炉が詰まってしまう.したがって,平均粒径 10~20 mm 程度まで塊成化して人工鉱石を製造する必要がある.主な塊成化方法としてはペレタイジング法と焼結法があるが,エネルギーコストと原料制約の理由から,現在は焼結法が主流となっている.我が国の鉄鋼生産を支えるための焼結鉱の生産量は年間約 1 億トンと莫大である.

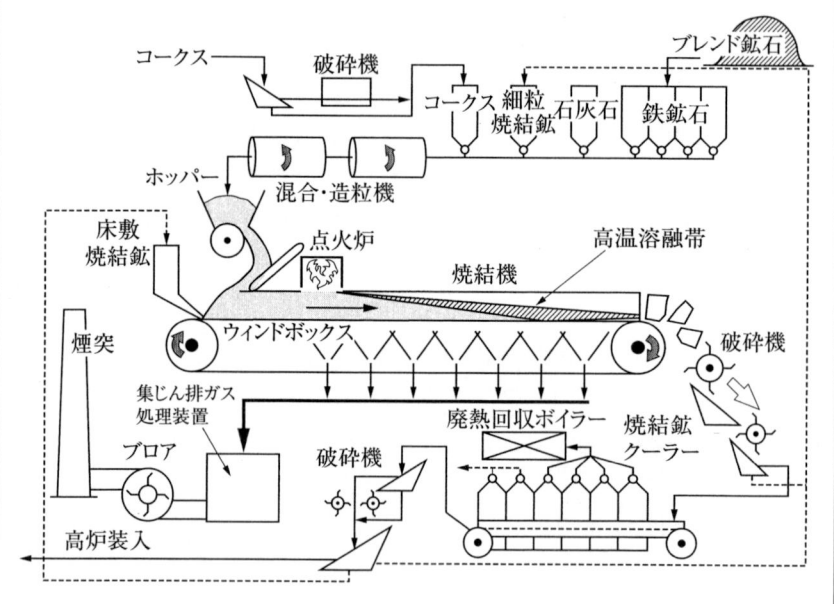

上図に焼結機の概要を示す.ブレンドした鉄鉱石と石灰石などのフラックス,燃料であるコークス粉を混合し,幅 5 [m] 長さ 100 [m] に及ぶ巨大なベルトコンベアー型の炉に,高さ 600 [mm] 程度になるように装入する.下部から空気を吸引し,上部では燃焼ガスにより混合したコークスに着火する.燃焼は上層から下層へと順次進行し,最下層部のコークスが燃え尽きることにより終了する.この間,層内は燃焼熱により最高温度が 1,300℃ 程度に上昇し,フラックスと鉄鉱石の一部が溶融する.融液は周囲に浸透し,鉄鉱石粒子間の接着剤の役割を果たしながら凝固する.出来上がった塊成体は破砕,篩分による粒度調整を行った後,高炉に装入される.大きな焼結機の場合,1 日の生産量は 2 万トン以上に達する.

焼結鉱の粒径だけでなく,還元性,高温強度などの品質も高炉の操業効率に大きく影響する.このため,フラックスの添加方法,温度制御など徹底的な操業管理が行われている.

であり，Cu は Cu₂S および未酸化の FeS を主成分とするマット（matte）と呼ばれる硫化物溶融相に濃縮（Cu 濃度 50〜70%）される．

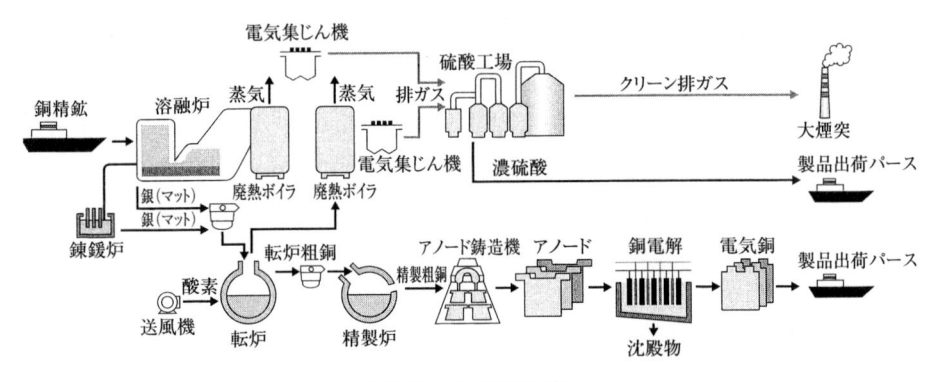

図 3.25 銅の製錬工程
(http://www.inter-link.jp)

$$2CuFe_2S_2 + SiO_2 + O_2 \rightarrow Cu_2S \cdot FeS(matte) + 2FeO \cdot SiO(Slag) + 4SO_2 \quad (3.24)^{5)}$$

マットは，スラグとの分離を促進する錬鍰（かん）炉を経て，転炉に送られる．転炉では引き続き Fe のスラグ化を行うと共に，硫黄分の酸化を進行させて溶融 Cu（純度 98.5〜99%）を得る．

$$Cu_2S + O_2 \rightarrow 2Cu + SO_2 \quad (3.25)$$

さらに，精製炉での酸化精錬により不純物を除去した後，過剰に含まれている酸素を除去するために，ブタンやアンモニアガスによる脱酸処理を行い，99.5% 程度の粗銅とする．この後，貴金属などの不純物を除去するため，アノード（anode）と呼ばれる陽極型に鋳造し，電解工程（3.10.1 項参照）に送られる．銅の乾式製錬ではマット溶錬の過程で多量の SO₂ が副生し，これまで硫酸や硫黄，硫安などに加工して有効利用されてきた．しかし，現在は供給過剰の状態にあるため，新たな利用法の探索が続けられている．

---

5) (3.24) 式は反応の概略を示したものであり，化学量論に基づくものではない．

3.8.3 亜鉛の乾式製錬

亜鉛 (Zn) の鉱石は主に硫化鉱 (ZnS, 閃亜鉛鉱) であり，その精鉱 (Zn 濃度 50%程度) を原料として製錬を行う．まず，Zn 精鉱を加熱酸化 (ばい焼) により脱硫し，酸化亜鉛 (ZnO) とする．その後，高温で還元揮発し，金属 Zn 蒸気を凝縮して Zn を回収する．これは，800～1,000℃程度での金属 Zn の飽和蒸気圧が比較的高い (図 3.26) ことを利用したもので，他の主要金属製錬法と大きく異なる点である．反応炉としては，レトルト (retort)，電熱蒸留炉，溶鉱炉などが用いられ，還元剤としては，通常，コークスなどの炭材が用いられる．

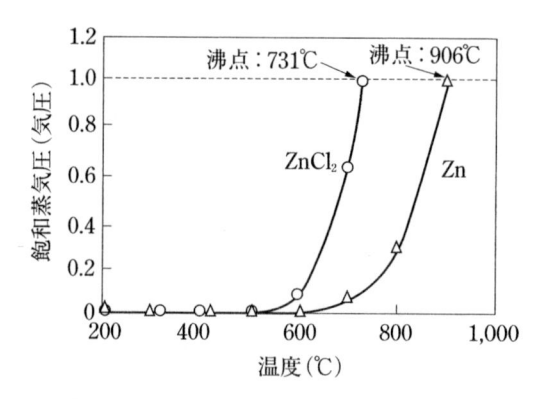

図 3.26 Zn と $ZnCl_2$ の飽和蒸気圧と温度の関係

亜鉛溶鉱炉 (ISP, Imperial Smelting Process) **法**は Zn と鉛 (Pb) の同時製錬を目的としたものであり，鉄鋼製錬用の高炉を小型化したような竪型の高温反応器である．ばい焼によって酸化・塊成化した亜鉛焼結鉱をコークスと共に溶鉱炉上部から装入し，炉の下方から 900℃程度の熱風を吹き込む．炉内の炭素還元反応により生成した金属 Pb は炉底に移行し，金属 Zn は蒸気となって高温のガスと共に炉上部から排出される．このガスを，570℃程度に保持された溶融 Pb のシャワー内を通過させることにより，金属状態のまま Zn を Pb との溶融合金として捕集する．これを 450℃程度まで冷却すると，飽和溶解度以上の Zn の相が融体表面に生成するため，これを比重差分離して金属 Zn を得る．一方，溶鉱炉底部から取り出された Pb には金，銀，銅が含まれるため，

さらに脱銅処理を行い，Pbと貴金属類を含む銅ドロス（dross，表面に浮いた残渣）に分離する．

Znは金属だけでなく，塩化物（$ZnCl_2$）の飽和蒸気圧も高いため（図3.26を参照），鉄鋼スクラップの電気炉溶解や廃棄物の焼却など，亜鉛と塩素が混在する物質の高温処理過程では塩化物の形で揮発する割合も高い．その後，いずれも排ガスの冷却過程で析出し，集じん灰やダスト中に濃縮する傾向がある．ダスト類からのZn回収については4.1.3項で述べる．

3.8.4 シリコンの製錬

シリコン（Si）は地表付近では酸素（46%）に次いで多く存在（28%）する元素である．特に酸化物（SiO_2）やケイ酸塩鉱物としての存在量が多い．金属Siは，通常，高純度珪石（SiO_2濃度99%以上）に高純度コークスを加え，電気炉内で加熱還元して得られる．生成するSiの純度は97〜99%であり，合金用の添加剤原料としてはこのまま使用される．さらに精製を行う場合は，乾燥HClと反応させることにより生成するシラン（$SiHCl_3$）を原料とする．これを一旦蒸留（精留）して純度を高めた後，1,000℃程度で水素還元し，再度金属Siとする．このようにして精製したSiは9N（99.9999999）〜11N（99.999999999%）の極めて高い純度を有する多結晶体である．半導体用の単結晶Siの製造は，このようにして作られた高純度Siを原料として，**帯溶融**（zone melting）**法**，および**Czochralski**（回転引き上げ）**法**により製造される．

3.9　金属の溶液化学的分離（湿式製錬）

湿式製錬は，鉱石中の目的金属を主に水溶液として溶解（イオン化）し，化学的あるいは電気化学的方法で還元して金属を得るプロセスであるが，広義には，純度の高い金属化合物を晶析させて濃縮する操作を含む．古くから，金，銀，銅，亜鉛などの製錬に用いられてきたが，最近は溶媒抽出法，イオン交換法などの新しい技術の導入により，再度注目されている製錬原理でもある．ここでは，銅とニッケルの湿式精錬法について概説する．

3.9.1 銅の湿式製錬

乾式製錬と対照的に，主に酸化銅鉱を原料として始まった製錬法であり，硫酸（H_2SO_4）水溶液により鉱石中の Cu をイオン化して浸出する．野積みした鉱石に直接硫酸を散布する方法や，精鉱を硫酸槽に投入し，強制攪拌する方法などがある．前者では数～10 年の時間をかけて浸出することが多い．得られた浸出液を電解し，金属 Cu を得る．硫化銅を含有する鉱石を浸出する場合には酸化剤が必要となり，主にバクテリアの酸化力を利用する方法が採られる．最近は，**有機溶媒抽出－電気分解**（SX-EW, Solvent Extraction and Electro-Winning）**法**の採用により，低品位の酸化鉱や硫化鉱の処理も可能になってきている．

3.9.2 ニッケルの湿式製錬

ニッケル（Ni）鉱石は硫化鉱と酸化鉱に大別できる．硫化鉱を 70℃程度に保持した酸化性の高圧容器内にアンモニアと共に装入すると，Ni はアンミン錯体（$Ni(NH_3)_6^{2+}$）として浸出される．浸出液を 230℃の加圧空気下でさらに保持すると，Ni と共に進出された Cu は CuS 沈殿として分離できる．これを 190℃，35 気圧の水素圧下で還元して Ni 粉末を得る．我が国で開発された技術として，**住友マット塩素浸出電解採取**（MCLE, Matte Chlorine Leach Electro-winning）**法**と呼ばれる大規模な操業も行われている．これは，予備製錬した原料であるニッケルマットの微粉を塩素と反応させて塩化物溶液とし，銅や鉄などの不純物を除去した後，電気ニッケルを得る方法である．酸化鉱の一つであるラテライト（laterite）鉱中の Ni 濃度は，通常，0.2～1.3%と低く，酸化鉄や酸化アルミニウムなどの不純物を多く含有する．この場合は，まず CO で高温還元して Ni-Fe 合金とし，これをアンモニア浸出することにより，Fe 成分を沈殿分離する．これを加熱して純度の高い酸化ニッケルを得た後，金属ニッケルの原料として使用する．

3.10 金属の電気化学的分離

電解質水溶液や溶融塩など，イオン伝導が可能な媒体に電流を流して物質分離を行う操作を電解と呼ぶ．目的金属の析出は主に**カソード**（cathode）と呼

ばれる負電極で進行する還元反応により進行する．ここでは，代表的な銅とアルミニウムの電解製錬を概説する．

3.10.1 銅の電解製錬

まず，乾式製錬で得られた粗銅を**アノード**（anode）の形に鋳造する（図3.25 参照）．電解精製過程においては，アノードでの銅（Cu）の酸化溶解（イオン化）とカソードでの Cu イオンの還元析出が対となって進行する．金属の溶解析出（酸化還元）反応の駆動力は電極間の電位差（電圧）であるが，電解に必要な電位差は目的金属種とその溶液中活量によって変化する．したがって，例えば銅よりイオン化されにくい金，白金，銀，鉛などはアノードにおいて溶解せず，電解層内に泥状の沈殿物（スライム）となって堆積する．カソードに析出した銅（電気銅）の純度は，通常，99.99％以上である．また，スライムに対しては，ばい焼や再電解処理が行われて貴金属が回収される．

3.10.2 アルミニウムの電解製錬

アルミニウム（Al）製錬の大部分は**溶融塩電解**（molten salt electrolysis）**法**により行われる．原料は，ボーキサイト（bauxite）を水酸化ナトリウム水溶液により溶解精製して得た酸化アルミニウム（Al_2O_3）である．電解には主に**ホール・エルー**（Hall・Heroult）**法**が採用されている．これは，アノードに黒鉛を使用した多極式の電解槽を用いるもので，酸化アルミニウムをイオン状態で溶融できる媒体として，氷晶石（Na_3AlF_6）を加えた混合溶融塩を媒体とする．フッ化物を含む混合塩には強い侵食性があるため，電解槽壁を低温にし，自身を凝固させた固体塩層で内面を保護する構造になっている．加熱はカソードとなる炉底部と黒鉛アノード間の電流によるジュール熱で行われ，溶融アルミニウム相はカソード上部に生成する．一方，アノードでは O^{2-} イオンが酸化されて O_2 となるが，すぐに電極の炭素と反応し，CO-CO_2 ガスが生成する．これにより，黒鉛電極は消耗するが，O_2 を直接発生させる場合よりも低エネルギーでの製錬が可能である．

Al 製錬は多くの電気エネルギーを消費するため，1977 年には年間 120 万トン近くを国内生産した Al 新地金は，電力コストの上昇に伴い 1990 年代以降

はほとんどを輸入に頼っている(【コラム 13　我が国唯一のアルミニウム製錬】参照).

> 【コラム 13　我が国唯一のアルミニウム製錬】
> 　静岡県の日本軽金属蒲原製造所において，現在，我が国で唯一のアルミニウム新地金が生産されている．ここでは，酸化アルミニウムを原料とし，富士川の豊富な安定した流れを利用した水力発電エネルギーにより，電解製錬を行っている．生産量は年間約1万トンで，得られる新地金は世界でも最高レベルの純度（99.94%）である．偏析法を用いてさらに純度を高め（99.9999%），先端材料用素材として供給している．

第3章　演習問題

3-1　これまでに経験した分離操作（リサイクル技術に限らず，直接操作したものでなくて良い）のうち，ソフトセパレーションとハードセパレーションの例を挙げ，それがどのような原理に基づく分離か，簡単に記述せよ．例えば，洗濯機の脱水操作は遠心力を利用して，衣類と水を分離するソフトセパレーション操作である．

3-2　直径 0.1 [mm] と 20 [μm] のアルミニウム球（密度 ρ_p = 2.7 [kg/m³]）が，水（密度 ρ = 1.0 [kg/m³]）の中を自重により沈降している．このときのそれぞれの球の終末速度 u_t [m/s] とレイノルズ数 (Re) を求めよ．ただし，水の粘性係数 μ は 0.001 [Pa・s] とする．

3-3　重力集じん，慣性集じん，サイクロン集じん，洗浄集じん，電気集じん，バグフィルターなどの各集じん操作について，粒子径と集じん率の関係（粒子捕集性能）を調べ，図にまとめよ．

3-4　下表のような物質で構成する乾燥した廃棄物がある．これらをそれぞれ機械的に分離するための操作を，フローシート（流れ図）を使用して示せ．

種　類	代表粒径 [mm]	特　徴	割合 (%)
アルミ缶	50	プレス成型物	10
鋼片	10～20	破砕（シュレッディング）物	25
ポリエチレン容器	10～20	破砕（シュレッディング）物	20
PVC フィルム	20～70	シート状破成物	15
陶器片	5～30	破砕物	5
紙くず	20～70	シート状など	15
土砂など	3 以下		残り

PVC（塩化ビニル，polyvinyl chloride）

3-5 日本の産業別エネルギー原単位（同一製品を製造するために必要なエネルギー換算量）および1世帯当たりのエネルギー消費量について，近年の変化を調査し，考察せよ．

3-6 燃料および還元材として多量のコークスが必要となる銑鉄製造過程に比較すれば，銅精鉱から粗銅を製造する過程に必要なエネルギーはかなり小さい．なぜだろうか．

3-7 エネルギーコストが大きい酸化アルミニウム電解法の代替技術として，コークスなどの炭材を用いる酸化アルミニウム高温還元法の技術検討が行われたことがあるが，実用化には至らなかった．なぜだろうか．

第 4 章
物質再生プロセス

　ここまで，廃棄物を効率的に再生し，物質やエネルギーを循環利用するために必要な技術やシステムを理解し，最適化し，あるいは新たに構築するために必要な基本情報を紹介してきた．持続的発展可能な社会システムを確立するためには，物質リサイクルプロセスのさらなる効率化，低環境負荷化が必要であることは言うまでもない．リサイクルプロセスの有効性は，廃棄物の状態，プロセスの規模と効率，製品の種類と品質，残渣の状態などに大きく左右される．本章では，我が国における物質フロー，および個々のリサイクルプロセスの実態について解説する．

4.1　マテリアルフローとエコリュックサック

　我が国には，1 年間に，海外からの輸入により約 7 億 6,000 万トン，また国内から約 11 億 7,000 万トン，併せて約 19 億 3,000 万トンの新たな物質が投入されている（2001 年）．リサイクルなどによる循環使用量約 2 億 1,000 万トンとあわせると，年間およそ 21 億 4,000 万トンの物質が投入され，その約半分の 11 億 2,000 万トンが建物や社会インフラなどの形で蓄積されている（図 4.1）．また，エネルギー利用により 4 億トンがガスとして大気に放出され，約 5 億 9,000 万トンの廃棄物が発生する．この中で，乾燥や焼却による減量が約 2 億 4,000 万トンであり，最終処分（埋立て）量は約 5,300 万トンに留まっている．廃棄物発生総量に対する循環使用量の割合は 35％程度と推定され，廃棄物に含まれている水分などを除外すると既に半分以上が循環使用されている計算となる．今後は，この既存循環利用ルートの高効率化のほか，現在は焼却後あるいは直接最終処分されたり，自然還元されている物質の新しい循環利用システ

ムの構築や処理の高効率化が課題である.

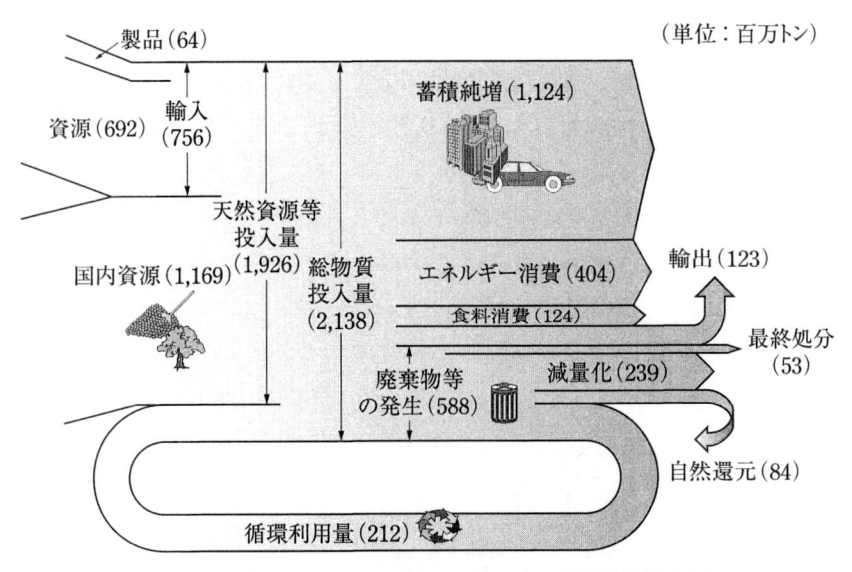

図4.1 我が国のマテリアルフロー（2001年，環境省資料より）

政府の循環型社会形成推進基本計画（2001）では，2010年までの重要目標として次の3つの施策を掲げている．
- 「入口」制御：資源生産性（＝GDP/投入資源量，28から39万円/トンへ）の向上
- 「循環」制御：循環利用率（10から14％へ）の増加

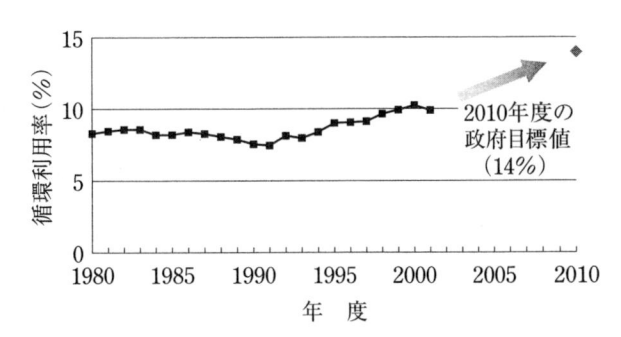

図4.2 我が国の循環利用率の推移（2001年，環境省資料より）

・「出口」制御：最終処分量（5,300万から2,800万トンへ）の半減

物質の**循環利用率**[1]を見てみると，2010年において約14％にすることを目標としているが，2001年における値は9.9％であり，その達成は容易と言えない状況にある（図4.2）．物質の循環利用を拡大するためには，経済的なメリットをもたらす技術開発はもちろんであるが，それを誘導する社会システムの構築も必要である．

図4.1は，いわば目に見える物質の流れであるが，目に見えない物質の流れもあることを認識しなければならない．ブレーク（F. S. Bleek，ファクター10研究所所長）は，「直接製品には組み込まれないが，それらを作り出すために動かされ，変換される物質がある」ことを指摘した．さらに，これを人間が自

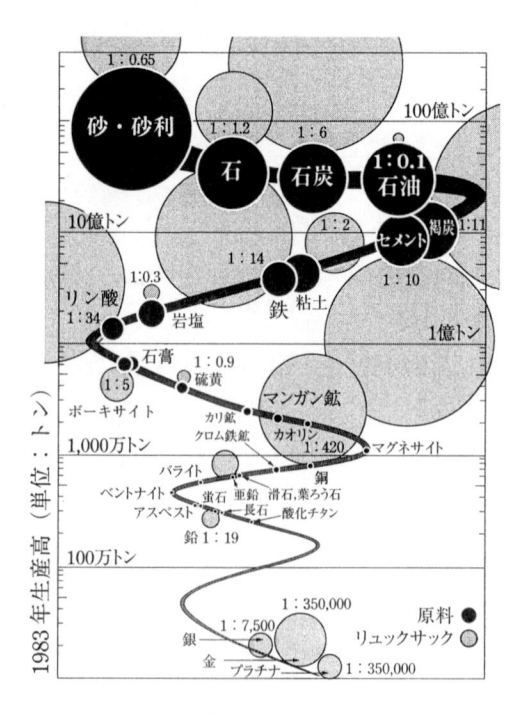

図4.3　いろいろな物質のエコリュックサック
(F. S. ブレーク著，佐々木建訳：ファクター10　エコ効率革命を実現する，p.12，シュプリンガー・フェラーク東京，2003)

---

1) 循環利用量／(循環利用量＋天然資源等投入量) と定義されている．

自然界の物質をリュックサックに入れて背負っているイメージとして，関連する物質の質量を**エコリュックサック**（ecological rucksack）と表現した（図4.3）．

具体的には，製品を構成する各素材の重量にそれぞれのリュックサック因子をかけた値の総和であり，その生産のために要した環境負荷の程度を表す一指標となる．ここでリュックサック因子は，ある素材1 [kg] を得るために動かした鉱石，土砂，水などの総重量（kg）であり，例えば鉄鋼は21，アルミニウムは85，再生アルミニウムは3.5，金は540,000，ダイヤモンドは53,000,000，ゴムは5などの値となる．ボーキサイトからの製錬によって得られた1 [kg] のアルミニウム地金は自重も含め85 [kg] の物質を背負っていることになるが，スクラップを再生して得た同重量のアルミニウム地金は3.5 [kg] とかなり軽くなる．製品のエコリュックサックは**物質集約度**（**MI** : Material Intensity）とも呼ばれる．

【コラム14 リサイクルする理由】

小島紀徳（2002）によるとリサイクルする目的は次の5つに分類できる．1）経済性の向上，2）リサイクル自体（道徳的な自己満足など），3）枯渇性資源の節約（各種金属，化石燃料資源を含む），4）環境保全（森林，水，大気など．環境汚染物質の排出抑制を含む），5）最終処分場の削減．そして我が国では，最後の5）が深刻な問題となってきており，最も主要な目的となっていると結論づけている．

4.2 物質リサイクルに関連する法律

循環型社会形成推進基本法が2000年5月に成立し，1997年に先行施行されてきた容器包装リサイクル法（通称，容リ法）に加え，これまで多くのリサイクル法案が制定されてきた．これらは，物質の効率的利用やリサイクルの推進により，資源消費と環境負荷の同時抑制を実現する循環型社会の形成を目的としている．以下は，各リサイクル法の概略である．

4.2.1 容器包装に係る分別収集及び再商品化の促進等に関する法律（容器包装リサイクル法）

ガラスびん，ペットボトル，紙およびプラスチック製の容器や包装を対象と

したリサイクル法であり，1995年に成立し，1997年に本格施行（2000年に完全施行）された．

この法律では，廃棄から再資源化に至る各段階での役割が次のように規定されている．消費者は市町村が定める種類に容器包装ゴミを分別し，市町村が収集する．回収された容器包装はこれらを使用して商品を販売している事業者（特定事業者）が，使用量に応じてリサイクルの義務を負う．実際は，日本容器包装リサイクル協会が事業者のかわりに，再生加工業者に業務を委託する形でリサイクル処理が行われている．

4.2.2 特定家庭用機器再商品化法（家電リサイクル法）

家庭用エアコン，テレビ，洗濯機，冷蔵庫の家電4品目を対象としたリサイクル法であり，1998年に成立し，2001年に本格施行（2004年に冷蔵庫を追加）された．

小売業者による引取り，製造・輸入業者によるリサイクルが義務付けられ，消費者は上記4品目を廃棄する際に収集運搬とリサイクルに要する費用を負担することが定められている．また，適切な引渡しと処理が確認できるように「家電リサイクル券」と呼ぶ**管理票（マニフェスト）制度**が設けられている．目標とするリサイクル率は50〜60%であり，エアコンと冷蔵庫に使用されているフロンの回収も義務付けられている．

4.2.3 食品循環資源の再生利用等の促進に関する法律（食品リサイクル法）

食品製造や調理過程で生じる動植物性残渣，流通過程や消費段階で生じる売れ残りや食べ残しなどの食品廃棄物を対象としたリサイクル法であり，2000年に成立し，2001年に施行された．

各段階での食品廃棄物の発生抑制，肥料や飼料としての再資源化，発酵，炭化によるエネルギー回収など再生利用，脱水，乾燥による減量化などに取り組むことを求めている．これにより，2006年までに，再生利用などの実施率を20%に向上させることを目標としている．

4.2.4 建設工事に係る資材の再資源化等に関する法律（建設リサイクル法）

コンクリート，アスファルト，鉄筋，木材などの建設廃材を対象としたリサイクル法であり，2000年に成立し，2002年に本格施行された．資材製造業者，設計者，施工者，元請受業者のそれぞれが，長寿命化，端材発生量低下，分別解体，再資源化推進など，使用資源量の抑制とリサイクル促進のために努力することを義務付けている．2010年において，リサイクル率95%の達成を目標としている．

4.2.5 資源の有効な利用の促進に関する法律（改正リサイクル法，パソコンリサイクル法）

家庭向けに販売したパソコンとディスプレイの回収とリサイクルをメーカーに義務付ける法律．1991年に制定された「再生資源利用法」を抜本的に改正し，2001年に施行された．2003年からは製造者によるパソコン回収の義務化が開始された．

回収対象となるのはパソコン本体，ディスプレイ，ノートパソコン，ディスプレイ一体型パソコンなどで，2003年10月以降は回収費用が予め上乗せされ販売されている．2003年度におけるリサイクル率目標は，デスクトップパソコン50%，ノートパソコン20%，ディスプレイ55%とされている．

4.2.6 使用済自動車の再資源化等に関する法律（自動車リサイクル法）

使用済（廃）自動車のリサイクルを促進して環境問題への対応を図ることを目的とする法律で，2004年に成立，2005年から施行された．従来から廃自動車のかなりの部分はリサイクル利用されてきたが，まだ障害となっている部分についてメーカーが責任を持って対応することを義務付けている．具体的には，エアコンの冷媒であるフロン，爆発性を有するエアバッグ，有用資源の回収残渣であるシュレッダーダストであり，必要なリサイクル費用をユーザーが負担する．

4.3 リサイクル対象物とリサイクルレベル

前述したようなリサイクル法が施行されたことにより，これまでは経済的に

【コラム 15 環境税の具体案】

1997 年に採択された京都議定書によれば,我が国の温室効果ガス排出量は 1990 年基準で 6%削減しなければならない.しかし,2004 年の排出量は逆に 8%の増加が見込まれており,議定書の内容を達成するためにはかなり思い切った対策が必要となっている.このような状況下,環境省は 2004 年 11 月に「環境税の具体案」と題する以下のような試案を発表した.

「課税対象は全ての化石燃料と電気とし,税率は炭素換算量 1 トン当たり 2,400 円とする.これによると,例えば電気,ガソリンの税率はそれぞれ,0.25 円/kWh,1.5 円/L となり,一世帯当たりの平均負担増は年間約 3,000 円となる.環境税導入による温室効果ガスの排出削減を約 4%(炭素換算で年間 5,200 万トン),税収額を約 4,900 億円と見込み,そのうち約 3,400 億円を温暖化対策に使用する.」

環境税は温室効果ガスの排出に応じた負担制度であり,この意味では公平といえる.しかし,産業,特に素材や化学工業などエネルギー消費量の大きな業種に与える影響は大きいであろう.環境省では GDP(国内総生産)への影響は年率 0.01%の減少に留まるとの試算結果を提示し,平成 18 年 1 月からの実施を提案しているが,産業界は相当な難色を示している.

成立しなかった廃棄物に対してもリサイクルが行われるようになってきた.これにより,焼却時の環境汚染物質排出抑制や埋立てなど最終処分される廃棄物量の低減が期待されるが,一方では困難なリサイクルを行うために新たなエネルギー消費や資源投入が必要になることが懸念される.リサイクル技術のさらなる発展はもちろんであるが,金属工業や化学工業など既存素材プロセスを最大限に活用したリサイクルシステムの構築が必要である.

例えば,家電や自動車のリサイクル促進により,**シュレッダーダスト**(Shredder dust, 廃自動車由来のものは**ASR**(Auto‐mobile Shredder Residue))と呼ばれるプラスチック,ガラス,ゴムなどに金属片や土などが混じった資源回収残渣を対象とした資源化技術の開発が不可欠になってきた.ASR は自動車重量の 20%程度の割合で発生する.したがって,毎年約 500 万台の廃自動車がある我が国では,年間約 100 万トンのシュレッダーダスト処理が必要になる.シュレッダーダストには,水銀,鉛,カドミウムなどの重金属類や有機溶剤が含まれており,1996 年からは最終処分の際には管理型処分場への埋立てが義務付けられている.しかし,嵩比重が小さく,埋立て地の延命の見地からもリサイクル促進が望まれている.

リサイクル技術は,大きく**マテリアルリサイクル**(Material recycle)と**サー**

マルリサイクル（Thermal recycle）に分けられるが，前者においてのレベルの格差が大きい．多くの場合，廃棄物から各素材を完全に分離回収することは困難であり，結果的に不純物を含む劣質素材にしか再生できない場合が少なくない．同質素材に再生することは技術的に不可能ではないが，当然，多くのエネルギーや新たな資源を必要とし，より多くの環境負荷をもたらす結果になるため，リサイクルする意義が失われることになる．サーマルリサイクルは有機系廃棄物の焼却時に発生する熱回収であり，マテリアルリサイクルより劣る方法とみなされる傾向があるが，ASR のように組成が複雑で燃焼熱量の高い廃棄物に対しては，一つの有効なリサイクル手段となり得る．現在は，塩化水素などの腐食性ガス発生などの原因により，発電効率が 20% にも満たない場合が多いが，今後の技術進展によってはサーマルリサイクルの評価が大きく変わる可能性もある．

サーマルリサイクルの際にも非燃焼性物質の残渣が発生し，特に排ガス集じん灰（飛灰）には亜鉛や鉛などの揮発性の高い金属が塩化物などと共に濃縮される傾向にある．3.8〜3.10 節で述べたように非鉄金属製錬は元々多種の金属を含有する複雑鉱石を原料としており，このような既存製錬プロセスを利用した飛灰からの金属回収（山元還元）が指向されている．

4.4 金属の再生

4.4.1 鉄鋼のリサイクル

鉄スクラップには市中スクラップと自家発生スクラップがあり，後者は鉄鋼製造過程で発生するもので，自身の工程内で再利用される．市中スクラップは発生形態によって，以下の2つに分類される．

- 工場発生スクラップ：機械，電機，車両，造船工場などの加工工程で発生するもの
- 老廃スクラップ：廃自動車，廃船，建造物などの使用済み鉄製品として発生するもの

市中スクラップの回収量は年間約 3,200〜3,300 万トンであり，長期的な見地からは我が国の鉄鋼蓄積量と強い相関が認められる．鉄鋼蓄積量は年々増加し，現在は約 12 億トンと見込まれており，その約 2.5% がスクラップとなる．これ

らは，回収業者が直接集荷したり，建物や自動車の解体業者が有用部品や鉄以外の付着物をある程度除去した後，さらにスクラップ加工業者が不純物を除去しているのが一般的である．

まず，パイプや建材など，厚く長いスクラップは，プレスシャーリング（圧縮切断機，通称名「ギロチン」）で一定の長さに切断される．また，あき缶や裁断くずなど，薄く空間の多いスクラップや自動車は，まずプレス機で箱型に圧縮成型される．自動車や家電製品など，非鉄金属やプラスチック，ゴムなどが多く含まれるものは，シュレッダー[2)]で数センチ程度の大きさに破砕する．一般的なシュレッダーシステムは，プレシュレッダー，磁選機，渦電流分離などによる非鉄金属選別機，シュレッダーダスト分離機，集じん装置，スクラップ装入，移動用コンベアーなどで構成される．以上のように加工されたスクラップは，材質や加工方法により規格化されて，電気炉製鋼法によって鋼に再生される．

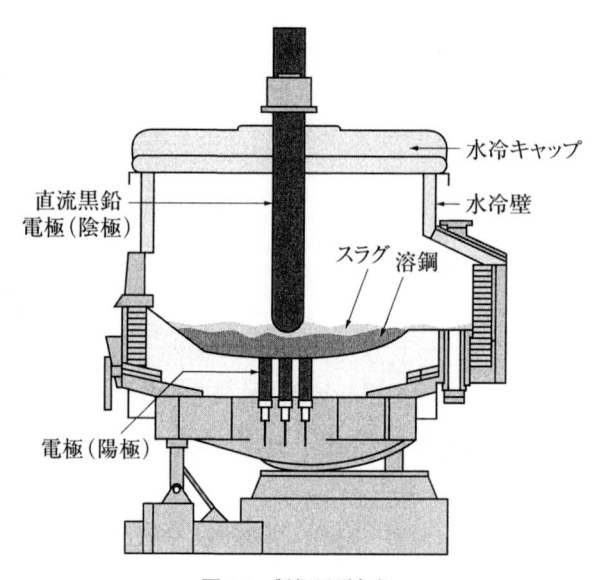

図 4.4　製鋼用電気炉
（川崎製鉄（現 JFE）資料より）

---

2) 高速回転するドラムに取り付けたハンマー（太い刃）でスクラップを切り裂く装置．

・電気炉製鋼法

　我が国の粗鋼生産量の約 1/3 は，鉄鋼スクラップを主原料とし，電気炉法を用いて生産されている．電気炉は大きな蓋つきの鍋のような形をしており，上部から黒鉛電極が垂直にさし込まれた構造になっている（図 4.4）．黒鉛電極に直流電圧をかけると，炉内に装入されたスクラップとの間に数千度に達する高温のアーク（arc，気相中の放電現象）が発生し，スクラップが溶融する．ほとんどの電気炉製鋼では，炭材や重油など補助燃料が併用されており，必要エネルギーの 50% 程度にまでなるケースもある．スクラップの溶融後，酸素，硫黄などの不純物を除去するために，コークスや石灰を加えてスラグを形成させる．高温では，コークスと石灰との反応により，カルシウムカーバイド（CaC_2）が生成し，酸素や硫黄の除去反応が促進される．その後，成分調整をして鋳造，圧延成型される．

　鉄鋼スクラップには，プラスチックや Cu，Zn，Al などの非鉄金属類が混入している．プラスチックは電気炉製鋼過程で燃焼するが，塩化ビニル（PVC）など塩素を含有するものは排ガスからのダイオキシン類発生の原因となるため，できるだけ事前に分離除去することが望ましい．非鉄金属のうち，Zn は還元揮発した後，排ガス集じん灰（電気炉ダスト）に凝集され，Al は優先的に酸化され，スラグ成分として除去される．しかし，Cu や Sn は製鋼過程での分離除去が難しく，鉄鋼スクラップの再生利用を繰り返すことにより蓄積され続ける可能性があることから，**循環性元素**（tramp element）と呼ばれている．これらの元素濃度が一定値以上になると，熱間圧延割れや加工性低下を引き起こすことから，その事前除去も重要である．我が国では約 50 社の電気炉製鋼メーカーがあり，主に棒鋼や H 型鋼を生産しているが，最近では使用スクラップの品質管理の徹底や製鋼技術の進歩により，薄板など高級鋼への再生も実現している．

4.4.2　アルミニウムのリサイクル

　3.10.2 項で述べたように，Al の電解製錬（Al_2O_3 の還元）には，多くの電気エネルギーを要する．一方，Al の融点は低いため（純 Al は約 660℃），スクラップの溶融・精製に要するエネルギーは相対的に小さく，ボーキサイトから

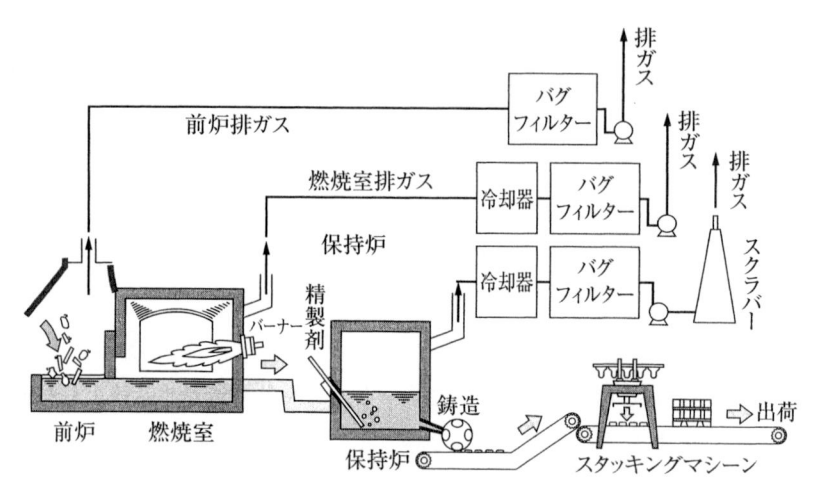

図 4.5 アルミニウムスクラップの溶解プロセス
(公害防止の技術と法規編集委員会編：公害防止の技術と法規　ダイオキシン類編,
p.142,（社）産業環境管理協会,2004)

の製錬に比較すると約 1/15 と試算されている．我が国では年間約 400 万トンのアルミニウム需要があり，そのうち約 40%がアルミニウムスクラップを原料とする再生地金・合金の形で供給されている．主なスクラップ源は，アルミ飲料缶，自動車部品，アルミサッシ，鉄道車両などである．1960 年代から急速に普及してきたアルミサッシのリサイクル率は高く，今後も大量のスクラップが発生すると予測されている．飲料缶は使用期間が短い材料の典型であり，我が国では年間約 30 万トンの Al 需要がある．リサイクル率は 1990 年代に急増し，2003 年において 81.3%と報告されている．

　スクラップの溶解は重油や LNG を燃料とした反射炉によるものが主流であり，一部，回転炉や誘導式電気炉が用いられる．前炉と呼ばれる炉壁で仕切られた部分にスクラップを装入することにより，燃焼室内での空気中酸素による Al の酸化損失を防止する構造になっている（図 4.5）．前炉と燃焼室は底部で溶融した Al 相で連通されている．炉温は合金の種類に応じて 700～750℃に制御される．炉の溶解容量としては 20～50 トンのものが多い．溶融 Al はさらに保持炉に送られ，塩化ナトリウムなどの無機塩を含むフラックスや塩素ガスなどの精製材により水素，マグネシウム，非金属不純物を除去した後に鋳造さ

れる.

　アルミニウム素材は展伸材と鋳造材に大きく分けられ，合金製造のために添加する代表的な元素は Cu, Mn, Si, Mg である．前者はプレスや鍛造や押出し加工用材料，後者は鋳物やダイカスト用材料として使用される．多様な合金が混合したスクラップの場合，合金成分の制御は難しく，展伸材へのリサイクルは未だ20%程度である．このため，不純物元素を低減，制御するための精製技術の開発が進められている．使用済み飲料缶の再生（Can to Can）率は，1990年代後半から65〜80%と，比較的高い値を維持している．

　アルミニウム地金を溶解した際，アルミニウムドロスと呼ばれる残灰が発生する．我が国では，年間20万トン以上発生しており，金属 Al を60〜80%含有する場合がある．窒化物や塩化物を含有するためセメント混和剤や鉄鋼原料としての利用が難しく，多くは管理型産業廃棄物として埋立て処分されてきた．このため，アルミニウムを含有する金属 Al の回収や有効利用法が検討されている．最近，金属 Al を効率的に圧搾回収する方法やアーク式回転炉を用いて溶解処理する方法が開発され，Al の高効率回収と共に，残渣をセメント原料として使用することが可能になっている．さらに，廃棄アルミニウムをアルカリ水処理することにより，水酸化アルミニウムや高圧水素を回収する技術の開発が行われている．

4.4.3　亜鉛のリサイクル

　2003年における我が国の年間亜鉛（Zn）生産量は約63万トン，Zn 需要は約62万トンである．Zn 地金の主な用途は，亜鉛メッキ鋼板（40%），一般メッキ（13%），伸銅品（10%），ダイカスト（8%）であり，年間需要の53%（約33万トン）が鉄鋼のメッキ用として使用されている．これは，Zn 自体が腐食しにくい性質がある上に，犠牲防食作用[3]により鉄の腐食を抑制する効果を持つためである．したがって，メッキとして使用される Zn は，使用中にある程度，環境中に分散，消失してしまう．残った Zn は基質である鉄鋼のスクラッ

[3) 亜鉛めっき表面には緻密な酸化皮膜が生成しており，強力な保護皮膜となっている．しかし，酸化皮膜にキズが生じた場合，周囲の亜鉛が陽イオンとなって溶け出し，電気化学的に保護することにより，鉄の腐食を抑制する．これが犠牲防食作用である．

プとして回収され，電気炉製鋼プロセス（4.4.1項参照）に送られる．高温で揮発しやすい性質を持つZnは，排ガス集じん灰（電気炉ダスト）に酸化物（ZnOやZnO・Fe_2O_3）として20%程度の濃度で濃縮される．我が国の電気炉ダスト発生量は年間40〜50万トン程度と推定されており，その70%程度が亜鉛を回収するためにリサイクルプロセスに送られ，残りは管理型廃棄物として埋立て処分されている．

　電気炉ダストにはZnの他，Feが30〜40%，Clが2〜5%含まれるため，これらの分離が必要である．主要なリサイクルプロセスにおいては，亜鉛を還元揮発させ，ZnO粉末（粗酸化亜鉛）の形で回収される．これは，Zn蒸気は低温で酸化されやすく，排ガスの冷却過程で急速に酸化されてしまうためである．具体的には，コークスや石炭などの還元剤を添加し，ロータリーキルン（Waeltz法），竪型溶鉱炉，炉床断面が長方形の溶鉱炉（MF炉法）などでZnを還元揮発させ，粗酸化亜鉛として回収する方法が採用されている．このようにして回収されるZnは年間6万トン程度であり，我が国の生産量の約10%に相当する．回収した粗酸化亜鉛は，アルカリ溶液洗浄などを行ってCl成分を除去した後，亜鉛製錬（3.8.3項参照）の原料として使用される．また，最近，電気炉から発生した排ガスから鉄などを含む粒子を除去し，オンラインにてZn蒸気を直接，金属Znとして凝縮回収する方法が提案され，研究開発が進められている．電気炉ダスト自体を発生させない技術として今後の進展が注目される．

　鉄鋼製錬の高炉や転炉（3.8.1項参照）から発生するダストもZnを1〜数%含有しており，発生量が大きいこと，およびダストの主成分である鉄をリサイクル使用する際にZn除去が必要であることから，Znの還元揮発処理が行われている．主なプロセスとしては，ドーナツ形状をした回転床炉（RHF）法，コークス充塡層を用いるSTAR炉，溶けた銑鉄にダストをインジェクションする方法などが挙げられる．いずれもZn蒸気として分離し，微粉の粗酸化亜鉛として回収するものである．一方，廃棄物ガス化溶融炉や焼却灰溶融炉から発生する溶融飛灰もZnやPbを数%含有しており，場合によってはZnが10%を超えるケースも存在する．主な共存元素はK，Na，Caの塩化物であるが，その他重金属類，酸化物も含まれる．したがって，まず，湿式処理による無機

塩類の除去が行われ，その後の複雑な分離操作が必要になる．これらのプロセスを効率化するための研究開発が進められている．

4.5 プラスチックの再生プロセス

2003年における我が国のプラスチック（plastics）生産量は1,360万トンであり，その35%が包装容器として使用されている．図4.6に2001年における我が国のプラスチック種類別の生産量を示す．ポリエチレン（polyethylene），ポリプロピレン（polypropylene），塩化ビニル（PVC: polyvinyl chloride）の合計が60%を占め，ポリスチレン（polystyrene），ペット（PET, polyethylene terephthalate）樹脂も合わせると72%に達する．

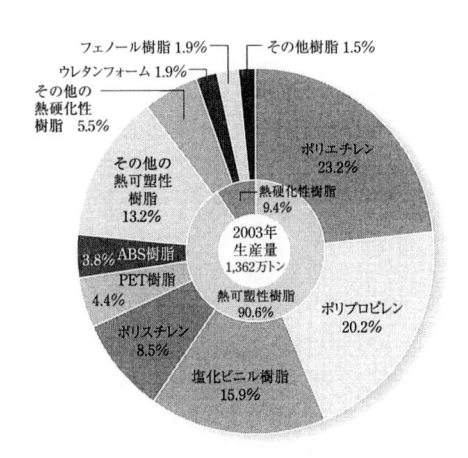

図4.6 プラスチックの種類別生産量
（日本プラスチック工業連盟，http://www.pwmi.or.jp/pk/pk03/pkflm302.html）

一方，廃プラスチックの総排出量は年間約1,000万トンに達している．そのうちの約910トンが使用済み製品で，残りが生産・加工時に発生するものである．プラスチックのリサイクルには，分解・再溶融してプラスチック原料として再利用するマテリアルリサイクルから，燃焼（焼却）時に発電などによりエネルギー回収を行うサーマルリサイクルまで，幅広いレベルが存在する（表4.1）．2000年4月に容器包装リサイクル法が完全施行された後，回収率が上昇すると共に，マテリアルおよびケミカルリサイクル（chemical recycle，原料・

モノマー化,油化,高炉還元剤としての利用,コークス炉化学原料化,ガス化による化学原料化など)率が増加している[4].特に,PETボトルや発泡ポリスチレンなど単一素材で構成されるプラスチックにおいて顕著である.埋立て処分や単純焼却処理の割合は約45%にまで減少しているが,**フュエルリサイクル**(油化,ガス化などの燃料化,fuel recycle)以上のレベルでのリサイクル率は約18%に留まっている.ただし,マテリアル,ケミカルリサイクルなど高度な原料への再生においては,汚れや混入した不純物の除去過程でのロスが避けられず,結果的に埋立てや焼却しなければならない割合も無視できない.

効率的なリサイクルの実現は,廃プラスチックの状態,不純物組成と量などを考慮した**カスケード利用**が前提となる.近年,コークス原料としての利用技術や高炉に熱風と共に吹込む燃料化技術が実用化されると共に,油化やモノマー

表4.1 プラスチックリサイクルの異なるレベルと概要

リサイクルのレベル 〈欧州型の分類〉	概　　要
(1) マテリアルリサイクル (Material recycle) 〈メカニカルリサイクル〉	化学的変化を伴わない粉砕などの機械的操作によりペレットを作成し,プラスチック原料として再利用するものである.バージン原料と比較すると品質劣化は避けられず,リサイクルを繰り返すことにより再生不能になる.
(2) ケミカルリサイクル (Chemical recycle) 〈フィードストックリサイクル〉	熱分解や加水分解により化学原料のレベルまで戻して,再利用するものである.高炉への炊き込み(微粉炭代替)や高炉還元剤(コークス)原料としての利用も含まれる.化学原料の回収率向上と分解副産物処理が課題となる.
(3) フュエルリサイクル (Fuel recycle) 〈油化は上記に含まれる〉	熱分解等により油化あるいはガス化し,燃料として利用するものである.前者にはケミカルリサイクルと同様に回収率と分解副産物処理の問題がある.
(4) サーマルリサイクル (Thermal recycle) 〈エネルギーリカバリ〉	廃棄物焼却炉,RDF燃焼炉などにおいて発生する燃焼熱を,発電,蒸気,温熱等の形で回収利用するものである.他の混入物質や塩化水素発生などの問題があり,エネルギー回収効率は比較的低い.排ガスおよび焼却灰処理等の問題がある.

4) 容器包装リサイクル法において,再商品化(リサイクル)手法として認められているのは,マテリアルリサイクル,ケミカルリサイクル,フュエルリサイクルが主体である.

化などの技術開発に急速な進展が認められる．いずれの技術においても，リサイクルプロセスの成立には不純物の混入率を抑制する必要があり，塩素系プラスチックの事前分離や脱塩素化にも技術開発の余地が残されている．

樹脂ごとの分別が可能な場合，再生品の用途は，容器，ベンチ，フェンス，遊具，包装・土木シートなど多岐にわたる．しかし，従来のリサイクル対象は主として樹脂の種類や処理・加工過程が比較的明確で，汚れや異物混入が少ない産業系廃プラスチックに限られてきた．これは，一般家庭や事業所から出る使用済プラスチックの樹脂分別が極めて困難なためであり，その**水平リサイクル技術**[5]の確立が望まれている．

以下，PETボトル，塩素系プラスチック，混合プラスチックのリサイクルを取り上げる．

4.5.1 PETボトルの再生

PET樹脂は，軽くて破損しにくい利便性から飲用ボトルとしての利用が進み，我が国では1996年の20万トンから2003年の48万トンへと生産量が増加している．1997年からは容器包装リサイクル法の分別収集対象となり，自治体で収集された使用済みPETボトルの再資源化が義務付けられている．自治体で回収されたものは，再生処理のために日本容器包装リサイクル協会に無償で引き渡されることになるが，収集に掛かる費用は自治体の負担である．PETボトルの回収率は生産量増加と共に増加し，2003年には市町村回収率が49%，事業系を含めると61%に達している．

使用済みPETボトルは主に破砕フレークに加工され，ポリエステル繊維製品やシート，カーテンなどの成型品原料として用いられるが，不純物混入や長期保管による劣化などの問題が指摘されている．また，再生製品の使用後はほとんどが廃棄されているのが現状である．このようなことから，再びPETとして利用するためのケミカルリサイクル技術が注目されている．これは，高分子重合体（polymer）であるPET樹脂を化学的に分解し，単量体（monomer）に戻して新たにPET樹脂原料として使用するものであり，使用済みPETの

---

5) 水平リサイクル：使用されていたものと同じ品質の素材に再生するルート．

再利用規模の拡大が期待できる．また，ボトルに混入する蓋やラベル等は分解しないため，分離除去が容易という特徴がある．

4.5.2 塩素系プラスチックのリサイクル

塩素系プラスチックの中では，塩化ビニル（PVC）の生産量が年間216万トンと圧倒的に多く，食品用ラップフィルムやコーティング剤として使用される塩化ビニリデン（PVDC, polyvinylidene chloride）は約7万トンである．PVCは，高い強度，電気絶縁性，耐候性を持つ安価なプラスチックとして1950年代から急速に使用量が増加した．単位化学構造は［－C_2H_3Cl－］であり，重量比で約57％が塩素で構成されている．歴史的には，塩化ナトリウム（NaCl）から苛性ソーダ（NaOH）を電気分解法で生産する際に発生する安価な塩素（Cl_2）を有効利用できる画期的な有機材料として登場した．Cl_2を出発原料とするため，単位質量当たりの生産に必要なエネルギー量が小さいが，同時に燃焼時の発熱量が小さく，塩化水素（HCl）が発生する．可塑剤添加による硬度調節が可能で，上下水道用パイプ，電線被覆材，建材などの耐久資材や農業用フィルム，医療用器材，包装材などに幅広く利用されている．80％以上は耐久製品用途であり，廃PVCの発生量は年間120万トンを超えているが，リサイクル率は約35％とされている．

廃PVCのマテリアルリサイクルは，パイプ，農業用フィルム，電線被覆材などを中心に行われており，再度パイプやシート，床材などの成型品として再生される．ケミカルおよびフュエルリサイクルとしては，高炉還元剤（コークスや石炭の代替原料）としての使用，熱分解ガス（水素，一酸化炭素は，アンモニア，メタノールなど）化が試みられ，一部実用化されている．最近は，溶剤を用いて廃PVCを溶解し，可塑剤や添加剤を除去した後，溶剤を揮発回収することで，再度粒状のPVCを得るマテリアルリサイクルプロセス（Viny Loop）も実用化検討段階にある．しかし，多くが他の廃プラスチックと共に処理されているのが現状である．

4.5.3 混合廃プラスチックのリサイクル

容器包装リサイクル法の施行により，家庭などで発生する廃プラスチックの

処理が強く求められようになり，PVC を含む多種類の樹脂が混合した廃プラスチックを同時に再生・処理する技術が必要になってきた．ほとんどのケミカルおよびフュエルリサイクルでは，塩素化合物による悪影響を防ぐために，事前の脱塩素化が不可欠となる．サーマルリサイクルにおいては，燃焼により生成したアルカリ塩の焼却炉や煙道内壁付着による浸食，排ガスからの HCl 除去，ダイオキシン類対策の他，重金属類の混入にも注意を払う必要がある．また，これらの原因により，従来 15～20％程度とされていた発電効率を，ガスタービンの高温排熱で過熱して 25％以上とするスーパーごみ発電や，ガス化溶融炉の発生ガスを直接燃焼するガスエンジンを用いるガス改質発電などの技術開発が行われている．

　以下，ケミカルリサイクルに分類されている高炉還元剤として再利用するケースについて説明する．高炉・転炉法（3.8.1 項を参照）での鉄鋼製造を行う一貫製鉄所では，1 日に数万トンに達する多量の原料を取り扱っており，例えば 1 日に鉄鋼 2 万トンを生産する製鉄所でのコークス使用量は 1 万トンを超える．このため，コークス中の塩素含有量は平均 100 [ppm] 程度と微量であるが，高炉に装入される塩素の総量は 1 日 1 トンにも達することになる．製鉄所は，このように多量の物質を取り扱いながら，環境汚染物質の排出を抑制する高度な技術を持っているため，不純物が混入しやすい廃プラスチックの有効利用に取り組む条件が整っている．現在は，塩化ビニルを選別除去し，塩素含有量が比較的少ないプラスチックをコークス原料として使用したり，高炉へ熱風と共に吹き込む方法で使用している．これらはいずれも，廃プラスチックを鉄鉱石の還元や昇温に利用するものである．混入した PVC については，事前に脱塩素工程を設ける技術が実用化段階にある．ただし，この場合も他の混合廃プラスチックリサイクルの場合と同様に，処理費によって成立するシステムである．また，製鉄原料系への塩素を中心とした不純物の過度の流入による悪影響も考えられるため，不純物流入量の高精度把握も重要な技術である．

4.6　紙の再生プロセス

　2003 年における我が国での紙（paper）および板紙（paper board，【コラム 17　紙の定義と種類】参照）の生産量は，それぞれ 1,840 万トン，1,210 万ト

【コラム 16　回収 PET ボトルの輸出】

　容器包装リサイクル法の施行（1997 年）以来，日本容器包装リサイクル協会に依頼される使用済 PET ボトルの量は順調に増加してきた（下図参照）．

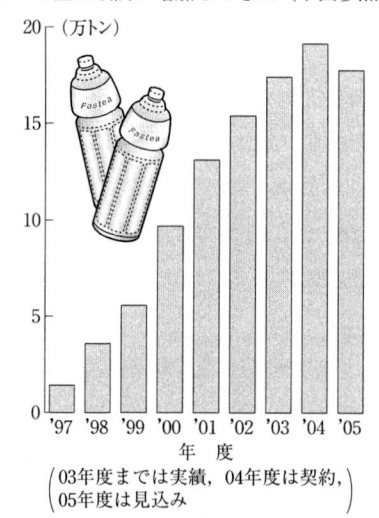

（03年度までは実績，04年度は契約，05年度は見込み）

図　回収 PET ボトルの輸出（朝日新聞 2005 年 1 月 30 日より）

　しかし，その量は 2005 年に初めて減少すると予想されている．PET ボトルの回収量は引き続き増加しているものの，協会に依頼されず，直接輸出される割合が大幅に増加しているからである．主な輸出先は中国であり，買い付け価格は 1 トン当たり 2 万円以上の場合も多くなっている．
　使用済 PET ボトルの回収・予備処理には平均 13～20 万円の費用を要し，ほとんどが自治体の負担になっているが，日本容器包装リサイクル協会への引渡しは無償で行われる．一方，協会から指定業者に委託される再生処理にもコストを要し，これらは飲料メーカーなどからの協会への負担金でまかなわれている．回収 PET ボトルの輸出増加は自治体，飲料メーカー両者の負担軽減につながる可能性があり，制度の見直しを求める声もある．しかし，このような状況が長期間継続するとは限らず，将来の需給予測に基づいた議論が必要である．
　同様な現象は，金属スクラップでも起こっており，例えば鉄鋼スクラップ価格が高騰したため，一時は各地で問題化していた廃車の山がどんどん消えている．

ン（トータル生産量は 3,050 万トン）であり，1996 年以降ほぼ横這いあるいは減少気味に推移している．これに対し，古紙の製紙原料としての使用量は 1,820 万トンであり，約 6 割を占め，年々上昇している（図 4.7）．
　紙の一次原料は木材を細かく削ったチップ（wood chip）で，我が国の年間

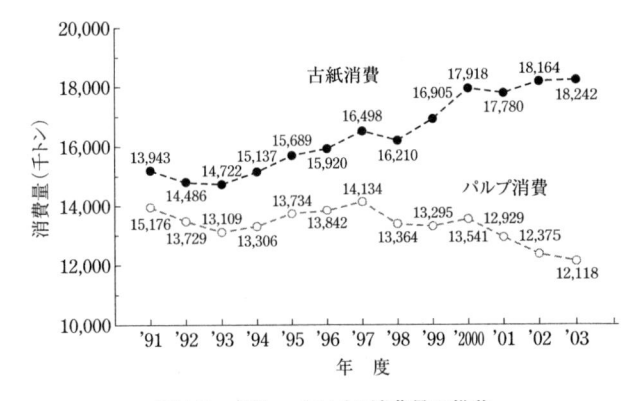

図4.7 古紙・パルプの消費量の推移
(古紙再生促進センター,紙リサイクル(統計資料)グラフ,http://www/prpc.or.jp/)

需要量は約1,900万トンであるが,その70%を輸入材に頼っている.通常の木材組織は,繊維(セルロース,cellulose)の間をリグニン(lignin)と呼ばれる樹脂が接着した状態となっている.リグニンは親水性が小さいために紙の強度を低下させる他,変色の原因にもなるため,パルプ(pulp)製造時に分離・除去される.パルプの製造法は大きく機械的製造法と化学的製造法に分けられる.機械的製造法では,木材に強いせん断力を加え,接着している樹脂層を破壊することにより,繊維細胞を機械的に離解する.化学的製造法は,蒸解釜内でチップを水酸化ナトリウム－硫化ナトリウム溶液,あるいは亜硫酸－亜硫酸水素塩溶液により化学的に蒸解するものであり,樹脂層は溶液中に溶解し,除去される.その後,漂白工程などを経てパルプとなる.

【コラム17　紙の定義と種類】

JIS(日本工業規格)において,「紙」は「植物その他の繊維を膠着(こうちゃく)させて製造したもの」とされ,広義には「合成高分子物質を用いて製造した合成紙のほか,繊維状無機材料を配合したものを含む」と定義付けられている.一方,「板紙」は「木材化学パルプ,古紙などを配合した硬く,腰が強く,厚い紙.段ボール原紙,白板紙などの種類があり,主に包装材料として使用される」と定義されている.紙は,さらに用途別や品種ごとに120種類程度に分類されており,最終的には,それぞれ単位面積当たりの重量(坪量),厚さ,サイズ別,また平判,巻取別に細かく分けられる.製品は標準規格だけでも25万種類以上あるといわれている.極めて多品種,少量生産の宿命を持つ製造業と言える.

紙は，湿潤した植物繊維を重ねて乾燥させると，その状態を強固に保持する性質を利用して製造される．再度紙を濡らすと，繊維が元に戻る性質があるため，古くからマテリアルリサイクルの対象となってきた（我が国では，既に平安時代には古紙の再生が行われていたようである：「三代実録」901年編）．古紙は，リグニンが除去済みの繊維原料とみなすことができるが，インクの脱離・分解やステップラ針などの異物除去の過程が不可欠であり，時には強い漂白工程も必要となる．このようなことから，古紙の種類ごとに製品用途が異なり，回収段階での古紙の分別が重要となってくる．特に，禁忌品と呼ばれる異物が混入すると，再生過程で重大な障害が起こる場合がある．布，プラスチック，ガラス，金属などはもちろん，写真，ノーカーボン紙（【コラム18　ノーカーボン紙】参照），感熱紙など紙に分類されるものでも禁忌品となるものがある．

【コラム18　ノーカーボン紙】

裏側に，数～数百 μm の粒子カプセルが塗られている紙である．カプセルは，油に溶かした無色染料の微粒子の周囲をゼラチンで覆ったもので，ペン先の圧力によりカプセルが壊れ，無色染料が飛び出す．一方，下の紙の表面に酸性物質が塗られており，飛び出した染料と反応して発色，複写できる仕組みになっている．元々，1954年に米国で開発された紙であるが，毒性のある PCBs が使用されていたために1972年に製造中止となり，代替品として開発された．現在では，カラー複写に対応できるものも開発されている．

4.7　ガラスの再生プロセス

ガラス（glass）は，一般的には非晶質（amorphous）構造を持つ固体の総称であり，通常は非平衡のまま液体を過冷却しつつ固化した無機材料である．工業的に使用されるガラスの種類は極めて多く，数千種に細分化できる．しかし，通常使用されるガラスは二酸化珪素（SiO_2）を主成分とする珪酸塩ガラスで，化学成分より大きく以下の3つに分類できる．これら3種で我が国のガラス総生産量のおよそ95%を占める．

・ソーダ石灰ガラス（soda-lime glass）：SiO_2，Na_2O，CaO を主成分とする一般的なガラスで，硬く，軽い性質がある．Na_2O の代わりに K_2O が用い

られるときもある.
- 鉛ガラス (lead glass)：SiO_2, K_2O, PbO を主成分とするガラスで,ソーダ石灰ガラスに比較して,重くて軟らかく,屈折率が大きい特徴がある.透明度も高く,高級食器や装飾品などに使われる.
- 硼珪酸ガラス (borosilicate glass)：SiO_2 の割合が大きく,他に B_2O_3 (硼酸), Na_2O (あるいは K_2O), Al_2O_3 などを含むガラスで,化学的侵蝕や熱衝撃に強く,硬く,軽いが,透明度は比較的低い.化学工場の製造プラント,実験用ガラス器具,薬のアンプルや薬びん,大型の照明器具,耐熱器具などに用いられる.

いずれも元来は透明であるが,鉄,ニッケル,コバルトなどの金属酸化物を添加することにより着色できる.年間の総出荷量は,産業用品が約230万トン,生活用品が約7万トンである.

容器としての使用に関しては,化学的に安定性で,内容物への溶出が少なく,したがって,長期保存が可能である特徴を持つが,プラスチックなどに比較して単位容量当たりの重量が大きく,衝撃に弱いため,輸送コストが大きいという欠点もある.1回の使用で寿命を終えるものは,**ワンウェイ**(one way)**ガラス**,2回以上詰替えられるものを**リターナブル**(returnable)**ガラス**と呼ぶ.後者の代表例がビール瓶であり,現在は約99%のビール瓶が回収されており,平均24回程度詰替え使用されている.

ガラスは環境中でも安定であり,埋立て処分の際の環境問題は少ないが,出荷量の約4割のガラスがマテリアルリサイクル利用されている.特に,容器類は主に自治体が回収し,色別に分別し,小片(カレット,cullet)に破砕され,他の原料と混合して使用される.ガラスは脱色が不可能な素材であり,色による分別は重要な工程であるが,効率的な方法がないため,現在は手選別により行われる.ガラス製造には従来から20～50%のカレットが使用されてきた.同一原料から作られたカレットであれば,基本的にはそのまま100%のリサイクルが可能であるが,混合物の影響もあり,現実的にはカレット配合率80%程度が最大と言われている.

家電リサイクル法の施行により,ブラウン管ガラスを再度ブラウン管として再生利用するシステムや,カレットを原料としてブロックや路盤材,断熱材な

ど，別の用途に再生する方法など，多様なリサイクルが行われている．しかし，これまでは自動車用ガラス，建物用板ガラス等はリサイクル対象となっておらず，ほぼ全量が廃棄処分されてきた．自動車のフロントガラスは，2枚のガラスの間にプラスチックフィルムを挟んだ合わせガラスであり，その分離技術の開発が必要である．また，鉛ガラスがソーダ石灰ガラスと一緒にリサイクルされることにより徐々に鉛の濃度が上昇すること，水銀を含有する廃蛍光灯の処理など，課題が残されている．

4.8 スラグの処理と有効利用

スラグ（slag，鉱滓（こうさい））は，金属製錬時に副次的に発生する金属酸化物融体を示す言葉であるが，これが冷却，凝固した固形物も同様に呼ばれる．通常，鉱石中の脈石（不純物）やこれを低融点にして除去しやすくするために添加されたフラックス（溶剤）がスラグを構成する．主成分は，SiO_2，CaO，Al_2O_3，MgOなどの製錬対象金属以外の金属酸化物である．スラグの主な発生源は鉄鋼および非鉄製錬産業であり，年間発生量はそれぞれ，約3,600万トン，約400万トンである．また，廃棄物や下水汚泥などをガス化溶融処理，あるいは焼却灰を溶融処理したときに発生する融体も同様な成分で構成されており，**溶融スラグ**と呼ばれる．これらは，最終処分場の延命のための廃棄物の減容化および再利用を目的としたプロセスで，処理量は年々増加している．溶融スラグの発生量は2014年には100万トンを超えるものと予測されている．環境省の「平成13年度 産業廃棄物の排出・処理状況」資料によると，我が国のスラグの排出量は年間1,640万トンとされる．この値は鉄鋼製錬スラグ発生量の半分にも満たず，実際の発生量と大きな隔たりがあるが，価格がついてリサイクル使用されるスラグは廃棄物として考慮されないことが主な理由である．

いずれにしても，極めて大量のスラグが毎年発生しており，特に溶融スラグの発生量は今後大幅に増加すると予想される．セメント原料や土木資材としてのスラグの利用は互いに競合することになり，大幅な使用量増大が見込めないことから，新しい用途開発が望まれている．ただし，少量多品種の製品への利用ではリサイクル率の大幅な上昇は期待できず，多量使用可能な用途の探索が必須である．

以下，鉄鋼スラグ，非鉄スラグおよび溶融スラグの有効利用について要約する．

4.8.1 鉄鋼製錬スラグ

鉄鋼製錬スラグには，銑鉄製造過程において高炉で生成する「**高炉スラグ (BF slag)**」と，製鋼過程で生成した「**製鋼スラグ (steelmaking slag)**」がある．製鋼スラグには，溶銑（溶けた銑鉄）を鋼にする過程で発生する「転炉系スラグ (LD slag)」と，鉄鋼スクラップを原料として電気炉で鋼を作る過程で発生する「電気炉系スラグ (EAF slag)」がある．それぞれの化学組成例を表 4.2 に示す．製鋼スラグの塩基度[6]は高炉スラグに比較して高く，未反応の CaO（遊離 CaO）成分も存在する．また，精錬時の巻き込まれた金属鉄粒の含有量も無視できない．

A．高炉スラグ

我が国の高炉スラグ発生量は年間約 2,400 万トンである．ほぼ全量がセメント原料や路盤材などとして再利用されているものの，大規模公共事業の施工数

表 4.2　鉄鋼スラグの化学組成例

	高炉スラグ	製鋼スラグ			安山岩（参考）
		転炉系スラグ	酸化スラグ	還元スラグ	
CaO	41.7	45.8	22.8	55.1	5.8
SiO_2	33.8	11.0	12.1	18.8	59.6
T-Fe	0.4	17.4	29.5	0.3	3.1
MgO	7.4	6.5	4.8	7.3	2.8
Al_2O_3	13.4	1.9	6.8	16.5	17.3
S	0.8	0.06	0.07	0.1	—
P_2O_5	<0.1	1.7	0.3	0.1	—
MnO	0.3	5.3	7.9	1.0	0.2

---

[6] 塩基度 (basicity)：スラグの物理化学的性質，機能性を推定する尺度として便宜的に使用されているパラメータである．一般的には，

$$塩基度 = (全塩基性成分の重量\%) / (全酸性成分の重量\%)$$

で表されるが，一般的には簡易的に

$$塩基度 = (CaO\%) / (SiO_2\%) = C/S$$

が使用される場合が多い．

や景気動向にも左右され，これまで在庫量が極端に増加する場合もあった．このため，スラグ発生量を低減する努力が続けられており，溶銑1トン製造する際の発生量は約280［kg］まで低下してきた．スラグの冷却・凝固方法によって，徐冷スラグ（年間600万トン）と水砕スラグ（年間1,800万トン）の2種類に分類される．

徐冷スラグは，溶融状態のスラグをドライピットと呼ばれる冷却ヤードに流し込み，少量の散水と自然放冷で冷却したものであり，結晶質の複合酸化物の塊である．これを，破砕，ふるい分けし，コンクリート原料や路盤材製品として使用する．粒子密度は凝固過程で発生したガスによる気泡形成の影響で天然砕石よりやや小さく（2.2～2.6［g/cm^3］），空隙を多く含み，吸水率が高い．1%程度含まれる硫黄はCaSの形態で存在しており，水中では徐々に加水分解し，多硫化イオン（S_x^{2-}）が生成する．その溶液は黄色で温泉臭があることから，これを防ぐために**エージング**（aging）と呼ばれる事前安定化処理が行われることがある．徐冷スラグは用途が限られており，最近は水砕スラグ製造率増加が指向されてきた．

水砕スラグは，高炉から取り出したスラグ融体の流下時に多量の高圧水を噴射し，急冷して作られる．急冷によりガラス質（非晶質）の割合が増加し，また，熱衝撃により5［mm］以下の粒度の角張った砂状に微粒化する．非晶質であることから活性が高く，微粉砕すると，アルカリ性水溶液下で水和物を形成して硬化する性質（潜在硬化性）を持つ．60%以上がセメント原料（高炉セメント原料，ポルトランドセメント混合材，コンクリート混和材など）に用いられ，他にコンクリート骨材，路盤材，軽量盛土，覆土材など，種々の土木工事用材として利用されている．針状の鋭い形状を持つ粒子も混在しているため，コンクリート骨材などへ利用する場合には，磨砕処理が行われる．高炉水砕スラグを原料にした高炉セメントは日本のセメント生産量の2割強を占める．天然資源からのセメント製造に要するエネルギーに比較し，約40%の削減効果がある．

B．転炉系スラグ

転炉工程では，S，P，Siなど溶銑中の不純物を除去するために，生石灰（CaO），蛍石（CaF$_2$），酸化鉄（Fe$_2$O$_3$）などを加え，それら不純物を吸収したスラグ

を形成させる（3.8.1項を参照）．我が国の転炉系スラグ発生量は年間約900万トンであり，高炉スラグと同様，スラグ量低減の努力がなされてきた．溶鋼1トン当たりの発生量は約110 [kg] であり，ここ数年で40 [kg] の削減が行われた．

高炉スラグに比較して組成や組織が不均一であり，金属鉄粒の巻き込みも多い．このため，転炉系スラグの破砕・磁選による金属鉄成分の製鋼プロセス内リサイクルが行われている．転炉精錬時間の短縮が図られてきた結果，主なフラックスである生石灰（CaO）の一部は溶解せずに固体のままスラグ中に残存する．このような遊離CaOは，水和反応（$CaO + H_2O \rightarrow Ca(OH)_2$）により，約2倍に体積膨張し，スラグ粒子は亀裂を発生しながら細粒化していく．製鋼スラグを屋外で養生すると雨水により水和反応が促成され，その後の膨張量は減少する（エージング）．現在は，高温蒸気で短期間にエージングする方法も採用されている．また，遊離石灰と鉄成分のリサイクル使用を目的として，一部のスラグは高炉の主要鉄源である焼結鉱の原料として使用されている．

転炉系スラグは，溶鋼上面からかき出されて冷却された後，一般には40 [mm] 以下に破砕，整粒される．転炉系スラグにも高炉水砕スラグに比較して程度が小さく，不均一であるものの，潜在水硬性がある．したがって，路盤材使用時には大きな支持力が期待できる．また，砂の代替や珪酸石灰肥料（ケイカル肥料）等にも用いられる．

C．電気炉スラグ

電気炉による鉄鋼スクラップを原料とした製鋼過程（4.4.1項を参照）においては，酸化スラグと還元スラグの2種類のスラグが発生する．酸化スラグは，生石灰などを投入し，酸素を吹き込みながら溶鋼中に溶存する炭素や，鉄より卑な不純物を除去する酸化精錬時に発生し，還元スラグは，酸化精錬の終了後，生石灰の他，コークスなどの還元剤を加えて硫黄や酸素を除去する還元精錬時に発生する．両者を合わせた我が国での電気炉スラグの発生量は年間約330万トンである．

電気炉スラグには転炉系スラグと同様，遊離CaOや金属鉄粒の巻き込みがある．特に還元スラグ中の遊離CaO割合が多いため，水和反応による膨張と崩壊・細粒化が起こる．一方，酸化スラグは環境中での安定性が高いとされて

いる．リサイクル用途はほぼ転炉系スラグと同様である．

4.8.2 非鉄製錬スラグ

我が国の非鉄製錬で発生するスラグ量は年間400トン以上と推定されるが，このうち，銅製錬スラグが約180万トンであり，フェロニッケル(ferronickel)[7]スラグもほぼ同量，発生している．亜鉛と鉛の同時生産を行っている **ISP法亜鉛**（溶鉱炉法，3.8.3項を参照）の操業は国内では2製錬所のみで行われており，スラグ発生量は約11万トンである．

従来から，銅製錬スラグおよびフェロニッケルスラグは，含有する酸化鉄を有効利用する目的で，セメント原料として利用されてきた．さらに，土木資材としての用途開発も進められ，近年，共にコンクリート骨材としてのJIS規格化が行われた．これにより，コンクリート骨材としての使用量が増加している．いずれのスラグも冷却固化後，破砕，粒度調整を行い，主に砂状のものを利用する．また，徐冷されたフェロニッケルスラグの一部は，礫状にして路盤材用に供給される．リサイクル率は製錬所の立地などのローカル条件などにも依存するが，銅製錬スラグでは平均85%程度である．また，フェロニッケル製錬やISP法による亜鉛製錬では95%を越える割合がリサイクル利用されている．一方，鉛溶鉱炉法で排出される鉛製錬スラグは，鉛濃度の問題から全量が管理型処分場に埋め立てられている．

非鉄鉱石（精鉱）中の目的金属濃度は低いため，鉄鋼製錬に比較してスラグの発生率が高い特徴がある．［スラグ／地金］比は鉄鋼製錬の約0.4に対し，銅製錬で1.4，フェロニッケル製錬では6である（［スラグ／ニッケル］比では30以上）．また，鉱石の種類やその選鉱処理方法によって，共存する不純物元素の種類や濃度は大きく異なり，スラグ組成も変化する．さらに，銅，亜鉛などの硫化鉱を原料とする場合，鉛の他，共存するひ素，カドミウム，アンチモンなどの有害元素がスラグに移行する可能性に留意する必要がある．

---

[7] フェロニッケル：鉄とニッケルの合金であり，ステンレススチール製造のための原料として用いられる．

4.8.3 溶融スラグ

有機物が燃焼する場合，まず水分や低分子炭化水素などが分解・揮発し，気相中での可燃性ガスの燃焼が進行する．このとき，燃焼雰囲気を比較的酸素が不足する条件にすると，H_2，CO，CH_4などを含む高熱量のガスが得られる．このように，初めに熱分解を行い，得られた炭化物を含む残渣をさらに高温で燃焼・溶融するプロセスを**ガス化溶融**と呼ぶ．また，一般の廃棄物焼却施設においても，最終処分場延命などを目的に，焼却灰の減容化を行う**灰溶融炉**を設置するケースが増加している．溶融処理により，焼却灰の体積は通常20分の1程度まで減少する．このように，ガス化溶融処理，灰溶融処理を行った際に生成する酸化物融液，およびその冷却固化物を溶融スラグと呼んでいる．

ガス化溶融処理に必要なエネルギーは，ガス化によって得られた可燃性ガスや炭化物，コークスなどの燃焼熱でまかなわれる．一方，灰溶融処理では重油・灯油，プラズマ，電気などの形で新たに供給される割合が多い．炉から取り出された溶融スラグの固化は，高炉スラグと同様に，徐冷法および水砕法によって行われている．

我が国における廃棄物由来の溶融スラグ発生量は，下水汚泥の焼却・灰溶融処理を含めて年間33万トン程度と推定されるが，2014年には100万トンに達する可能性が指摘されている．例えば，東京都内における2007年の発生量は約29万トンと予測されており，また，産業廃棄物焼却施設での灰溶融の適用例も増加している．図4.8に廃棄物溶融施設の累積竣工数の推移を示す．ここ10年で指数関数的に増加していることがわかる．これにより，近い将来に溶融スラグの発生量が著しく増加するのは明らかであり，その利用および処理が次の課題となる．

溶融スラグに関する1998年当時の厚生省，環境庁の通知は
・路盤材（路床材，下層路盤材，上層路盤材）
・コンクリート用骨材，アスファルト混合物用骨材
・埋戻し材
・コンクリート2次製品用材料（歩道用ブロック，透水性ブロックなど）
としての利用促進を求めている．

以上のように，溶融スラグは路盤材や建設用セメント骨材としての有効利用

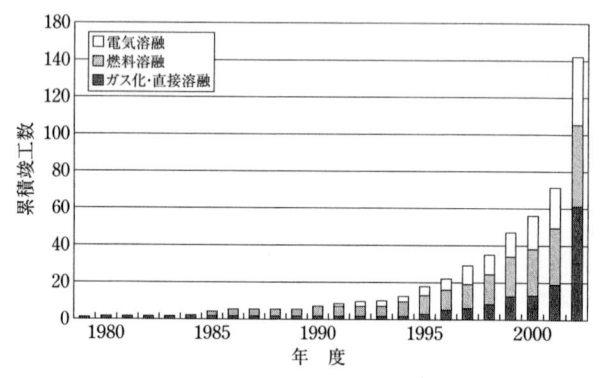

図 4.8 廃棄物溶融施設の累積竣工数の推移
（(独) 国立環境研究所による調査結果）

が指向されているが，現在のところ実際の再利用率は 30% 以下に留まっている．この主な理由は，路盤材の量的ニーズが増加しない一方で，従来から路盤材として使用されている金属製錬スラグや，建設リサイクル法の施行によって回収・利用率が増加している廃コンクリートなどと競合するためである．機能性ブロックなど，付加価値の高い製品の開発・生産なども行われているものの，

【コラム 19　スラグの溶出基準と含有量基準】

　土木建設用資材としてスラグを利用する場合，組成や物理的性状などの品質以外に，環境中での安定性が重要であり，特に有害な重金属類の溶出を基準値以下に抑える必要がある．通常，溶出基準とその試験方法は「土壌汚染に係る環境基準について（平成 3 年環境庁告示第 46 号）」，また，含有量基準は「土壌汚染対策法施行規則第 18 条第 2 項」で定められるものが用いられる．下表「スラグの溶出基準と含有量基準」に重金属類の溶出基準と含有量基準値を示す．

スラグの溶出基準と含有量基準値

項　目	溶出基準	含有量基準
カドミウム	0.01 mg/l 以下	150 mg/kg 以下
鉛	0.01 mg/l 以下	150 mg/kg 以下
六価クロム	0.05 mg/l 以下	250 mg/kg 以下
ひ素	0.01 mg/l 以下	150 mg/kg 以下
総水銀	0.0005 mg/l 以下	15 mg/kg 以下
セレン	0.01 mg/l 以下	150 mg/kg 以下

使用量は限られている．今後，一般廃棄物焼却灰（年間約600万トン），下水汚泥焼却灰（年間約30万トン）の溶融処理率も増加していくと考えられ，他の利用法開発が急務となっている．さらに，1,500℃以上で排出される溶融スラグの顕熱は一切回収されておらず，大気放散されているのが現状である．今後は，物質のリサイクルと共に熱エネルギー回収のための技術開発を行う必要がある．

4.9 シュレッダーダストおよび焼却飛灰の処理

4.9.1 シュレッダーダストの処理

シュレッダーダスト（shredder dust）は，廃自動車や廃家電から利用できる部材や有害物質等を選別除去した後，シュレッダーと呼ばれる破砕・裁断機で処理したものについて，さらに風力分別等を行ったあとに残留した不要物の総称である．プラスチック類，ゴム，ガラス，繊維片，金属片などから構成されており，廃自動車では車両重量の約20%を占める．これらの物質は複合的に混在しており，そのままでは再利用が困難なため，従来は年間100万トン程度が管理型廃棄物処分場に埋め立て処理されてきた．

自動車および家電リサイクル法の施行により，シュレッダーダストの有効再生処理が強く要求されるようになり，選別強化やシュレッダーダストからのエネルギー，金属類の同時回収技術の開発が望まれている．また，現在，開発途上国への中古部品や簡易プレスを行っただけの廃自動車の輸出量もかなり大きいものと推定されるが，これが将来的に滞った場合にシュレッダーダストの処理量が大幅に増加する懸念がある．

シュレッダーダスト量の減少には事前分別の強化が最も有効であるが，部品の小型化，複合化が急速に進んでいる現状では，まず生産時にリサイクル性を考慮した設計を行う必要性がある．一方，シュレッダーダストの有効利用法としては，以下のような技術が検討されている．

- ガス化溶融炉等による乾留ガス化・減容・固化：シュレッダーダスト中のプラスチック類など可燃物を燃焼させてエネルギー回収を行うと同時に，燃焼残渣をスラグ化し，減容化と安定化を行う技術である．
- 熱媒浴によるプラスチック類の分離：昇温したコールタール中にシュレッ

ダーダストを浸漬し，プラスチック類と金属類を比重分離し，同時に塩化ビニルの脱塩素を行う技術で，分離されたプラスチックや鉄を製鉄原料として再利用することが考えられている．
・コークス充填層溶融炉による資源化：製鉄技術を応用し，コークスを充填した炉内で可燃物の高温焼却を行い，無機物をスラグ化すると同時に金属を回収する．
・非鉄製錬を利用したリサイクル：流動床反応器等を用いてガス化，脱塩素化を行い，エネルギー回収を行うと共に，残渣中の金属あるいはスラグ成分を非鉄製錬の原料として有効利用しようとする方法や，銅製錬反射炉の副燃料として使用し，銅回収と残渣の溶融スラグ化によるマテリアルリサイクルを行う方法が実用化されている．

4.9.2 溶融飛灰の処理

廃棄物のガス化溶融処理，あるいは廃棄物焼却灰を溶融処理した際の排ガスに含まれる粒子状の物質を**溶融飛灰**と呼ぶ．重金属類やダイオキシン類など有機化学物質を含有しており，これまでは薬剤処理やセメント固化などによる不溶化処理がなされた後，管理型処分場に埋め立てされるケースが多い．一方，表4.3に示すように，溶融飛灰には廃棄物の単純焼却時に発生する焼却飛灰（1次飛灰）以上に亜鉛，鉛，銅などの金属が濃縮している．

表4.3 1次飛灰（焼却飛灰）と2次飛灰（溶融飛灰）の組成例（重量%）

飛灰の種類	Ca	Na	K	Cl	Cu	Pb	Zn	Si	Al
溶融飛灰（2次飛灰）	2.4	12.6	12.8	29.7	0.60	3.3	8.2	2.0	0.9
焼却飛灰（1次飛灰）	14.5	3.3	3.8	7.4	0.07	0.17	1.0	15	7.9

一方，Na，Kなどアルカリや塩素も多く含まれており，金属類の資源化において，これらの分離除去が必要となる．これら技術的課題を克服し，**山元還元**と呼ばれる既設の非鉄製錬プロセスを利用した資源化が始まっている．

山元還元の例としては，香川県の豊島に不法投棄された廃棄物のガス化溶融処理設備から排出される溶融飛灰の再資源化プロセスがある．これは，同じ香

川県の直島エコタウンにある施設であり，他の廃棄物ガス化溶融施設などで発生した溶融飛灰とあわせて年間約 15,000 トンを処理している．ここでは，図 4.9 に示すように水洗浄による予備処理を行い，塩素をナトリウムやカリウムとの水溶性塩として除去し，不溶残渣を非鉄製錬資源として用いている．また，溶融飛灰自体の性状に注目した検討もされており，溶融飛灰中の亜鉛，鉛の濃縮率向上のため，排ガスへの非揮発性物質の巻き込みが少ない電気抵抗式灰溶融炉の適用なども行われている．一方，鉄含有率の高いダスト類からの亜鉛や鉛の揮発分離のために，溶融飛灰を含む塩素成分を積極的に利用する塩化揮発法も採用されている．これは酸化鉄主体のダスト類と飛灰，塩化カルシウムを混合，予備造粒した後，ロータリーキルンで高温焼成するもので，排ガス洗浄液に含まれる飛灰を湿式処理し，亜鉛や鉛成分を回収するシステムである．

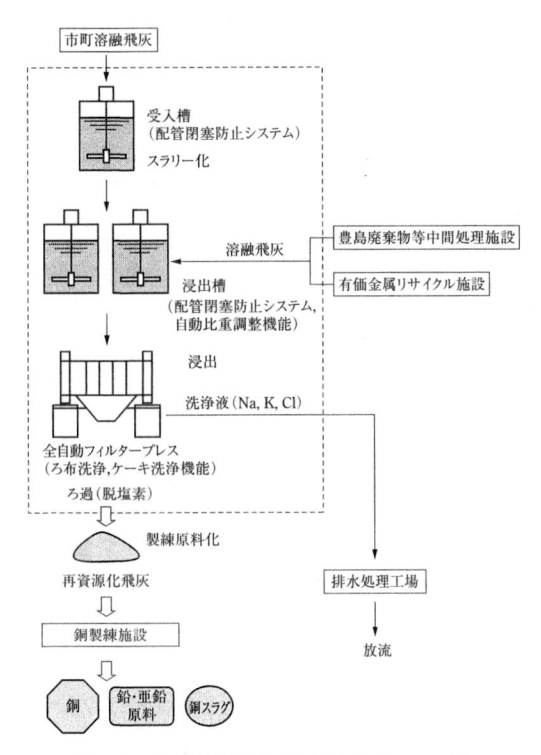

図 4.9 直島溶融飛灰再資源化施設フロー図
(三菱マテリアル，http://www.mmc.co.jp/naoshima/eco/eco4.html)

【コラム20　産業廃棄物不法投棄-Ⅰ(豊島)】

　香川県の豊島は小豆島の西方3.7 [km] にある瀬戸内海東部に位置し，面積14.6 [km²]，周囲20 [km] に満たない小さな島である．人口約1,500人のこの島で，1977年から1988年に産業廃棄物処理業者が，検挙されるまでの約12年間に，60万トンに及ぶ自動車，家電のシュレッダーダスト等の廃棄物が不法投棄された．当初，業者は産業廃棄物を「みみずを利用し，土壌改良剤化して再利用する」という申請を行っていたが，同時に「金属等の回収を行う」として，搬入し続けていたシュレッダーダストや油を「金属回収のための原材料」と説明した．実際はそれらの廃棄物を混合し，大量に野焼していたため，多量の汚水流出，土壌のダイオキシン類や重金属による汚染を引き起こした．住民らは，1993年に公害紛争処理法に基づいて，不法投棄した業者，香川県，廃棄物の排出事業者等に対し，廃棄物の完全撤廃を求める公害調停を申請した．1997年，県が主体となり廃棄物と汚染土壌を無害化処理し，原状回復を目指すことで中間合意された．これを受けて，汚水や土砂の流失を防止するための工事を行った上，溶融処理を中心とした廃棄物処理施設が建設された．施設は2003年4月から稼動しているが，全ての放置廃棄物を処理するためには約10年を要すると見積もられているが，現在は廃棄物を残したまま滲出水や発生ガスを無害化する方法が採られている．

【コラム21　産業廃棄物不法投棄-Ⅱ（竹の内）】

　仙台市の南西約25 [km] に位置する竹の内産業廃棄物処分場において不法投棄が見つかった．ここでは，産業廃棄物処理業者が安定型産業処分場としての許可を申請し，1990年に埋め立てが開始された．申請時の廃棄物の種類は，建設残土50%，コンクリートなど建設廃材40%，金属，ガラス，陶磁器，ゴム，プラスチックなど10%というものであった．その翌年からトラックに積載，搬入されてくる廃棄物の飛散が指摘されていたが，1995年に廃プラスチックの焼却を中心とした中間処理業務を追加してからは，ばい煙や臭気に対する苦情も多くなっていた．さらに，高濃度の硫化水素発生も問題になり，業者と県に対する周辺住民の不満が高まってきた．県の指導もあり，業者は覆土や排水処理を行い，2001年には埋め立て処分の終了を届け出ている．
　しかし，その後，ボーリングと高密度電気探査による調査で許可容量以上の埋め立てが明らかになってきた．処分終了時の許可容量は354,400 [m³] であったが，最新の調査では1,000,000 [m³] を優に超えるものと推定されている．したがって，不法埋め立て量としては国内最大規模である青森・岩手県境区域での約880,000 [m³] に匹敵するものとなる．埋め立て深さが地表から20 [m] 以上の場所もあり，許可区域外の埋め立ても見つかっている．住民は，違法埋め立て分の全量撤去と十分な消臭対策を求めている．

4.10　廃棄物の最終処分

　廃棄物が経済的に再利用，リサイクルする価値がなく，さらなる減容化も難しい場合は埋め立て処理が行われる．埋め立てられる場所は**最終処分場**と呼ばれ，対象となる廃棄物の種類により，遮断型，管理型，安定型の3つの種類が

【コラム22　有害廃棄物】

廃棄物処理法において廃棄物は「一般廃棄物」と「産業廃棄物」に区分される．さらに，爆発性，毒性，感染性などがあり，人体や環境に被害を生ずるおそれのあるものを特別管理廃棄物に指定しており，同様に「特別管理一般廃棄物」と「特別管理産業廃棄物」に区分されている．特別管理一般廃棄物としては，PCBを含む部品，煤塵，感染性一般廃棄物，特別管理産業廃棄物として，廃油，廃酸，廃アルカリ，感染性産業廃棄物，特定有害産業廃棄物が指定されている．特定有害産業廃棄物に指定されているものには，廃PCBなどのPCB汚染物やPCB処理物，廃石綿，その他，水銀，カドミウム，鉛，ひ素などを含み溶出基準などに適合しないものがある．

【コラム23　使用済自動車のリサイクル率】

使用済自動車の有用部品や鉄・非鉄金属等は従来から有効利用されており，現状のリサイクル率は75～80%である．しかしながら，自動車リサイクル法の制定により，自動車製造業者に対してリサイクル率向上の義務が課されることなり，2015年のリサイクル率の目標は95%以上と設定された．これを達成するためには，再使用部品・再資源化部品の回収率向上と共に，これまで有効利用が困難とされてきたシュレッダーダストの効率的な再資源化が不可欠となっている．

ある．

1) 遮断型最終処分場：水銀，カドミウム，鉛，有機リン，6価クロム，ひ素，シアン，PCB，セレンなどの有害物質を含む煤塵や汚泥などを対象に設置されたもので，周辺環境と完全に「遮断」された，屋内プールのような構造になっている．有害物の外界への浸出を防止するため，周囲をコンクリート壁で覆い，有害物質が流出しない構造になっている．

2) 管理型最終処分場：廃棄物の腐敗や雨水の流入などにより，汚水が発生する可能性のある廃棄物を対象としたもので，上記有害物質による汚染の懸念が少ない焼却灰，汚泥，含鉛スラグ，煤塵，木屑，シュレッダーダストなどが処分される．処分場の底には遮水シートが敷かれ，地下への汚水浸透を防ぐ構造になっている．また，雨水は一カ所に集められ，排水処理施設で浄化されて放流される．

3) 安定型最終処分場：基本的には埋め立て後に性状変化しない廃棄物を対象としたもので，環境汚染の懸念がないプラスチック類，ゴム，金属，ガラス，陶磁器，建築廃材が処分される．風などによる廃棄物の飛散や物理的な流出を防止する構造となっている．

2001年度末における我が国の一般廃棄物最終処分場の残余容量は1億5,260万 [m³]，平均残余年数は12.5年である．近年，最終処分量が減少しているため，残余容量自体は減少しているものの平均残余年数は若干増加傾向にある（図4.10参照）．残余年数には地域的なばらつきがあり，首都圏で10.9年，近畿圏では10.5年と推定されている．一方，産業廃棄物の最終処分場の残余容量総計は1億7,940万 [m³] であり，最近の最終処分量の顕著な減少に伴い，平均残余年数は4.3年に増加している（図4.11参照）．しかしながら，首都圏と近畿圏で発生した産業廃棄物を，それぞれの圏内で最終処分する条件での試算によれば，残余年数はそれぞれ1.1年，2.2年と厳しい状態にある．

各種リサイクル法の施行により廃棄物の資源化が図られた結果，最終処分量

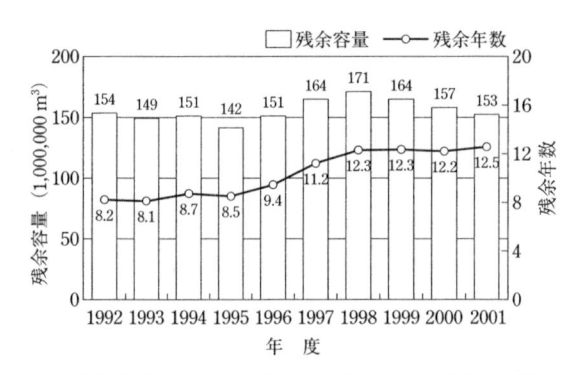

図4.10 一般廃棄物最終処分場の残余容量と残余年数の推移（環境省資料より）

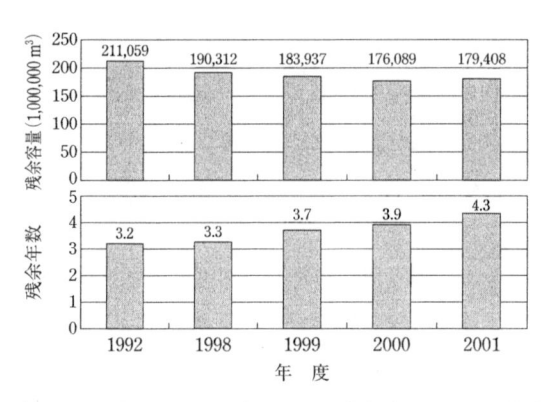

図4.11 産業廃棄物最終処分場の残余容量と残余年数の推移（環境省資料より）

は着実に減少している．リサイクルを追及するか最終処分を行うかの判断は，コストを含む種々の条件を総合的に考慮して決められるべきであるが，その基準は刻々と変化している．その大きな要因の一つはリサイクル技術の進展であり，もう一つは最終処分に要するコストである．環境保全や省資源の見地からは，盲目的に再資源化を推進することは逆効果である場合もあり，再資源化に伴う環境負荷や投入エネルギーを考慮した判断が必要である．

【コラム24　管理型最終処分場の廃止基準】

　管理型処分場では，遮水層の二重構造（粘土等の層と遮水シートの組み合わせ），基礎地盤の整備（遮水層の損傷防止対策），遮光性不織布等による遮水層の保護（シートの紫外線対策）などの設置基準がある．維持管理基準としては，放流水の水質検査，最終処分場周縁の地下水の水質検査，廃棄物の種類，数量や点検，検査の記録作成などが義務づけられている．

　一方，その廃止基準については，処分場周縁の地下水を汚染していないこと，生活環境保全上の支障が生じていないこと，埋立地の内部が十分に安定化していること（保有水や浸出水等の水質検査，ガスの測定，埋立地内部の温度の測定）とされている．しかし，実際にはこれらを完全に保証することは極めて困難と考えられ，半永久的に管理し続けなくてはならない可能性がある．将来的には，埋め立て済みの廃棄物を掘り起こして再処理する必要性も考慮しなくてはならないかもしれない．

4.11　資源再生技術にかかる将来的課題

　4.1節でも述べたように，製品にはそれ自体には含まれず，製造のために動かされ，変換される物質（エコリュックサック）が背後に必ず存在する．広義に解釈すれば，輸送に必要な燃料だけでなく，船，車両，コンテナなども使用率に応じてエコリュックサックに類する量として換算，加算できる．廃棄物の再生（再資源化）についても同様であり，高度なリサイクルを目指すほど必要なエネルギーや新たな資源が増加する傾向にある．新規リサイクル施設を作るためにも，新たな素材やエネルギーを使用しなくてはならない．もちろん，リサイクル技術やシステムの推進によって，大量リサイクル社会が出来上がることも避けなければならない．

　近年，循環型社会の構築に向け，法制度や経済および技術システムの様々な転換が図られている．このようなリサイクル社会への取り組みのキーワードと

してゼロエミッション（zero emission）という言葉が用いられてきた．これは，1994年に国連大学が「全産業から排出される副生物を全て再資源化できるような生産工程の再編を行い，廃棄物発生を最小化可能な循環型産業システムを構築する試み」として提唱したものである．それを具現化する試みの一つが次章で紹介するエココンビナートなどの産業間連携構想やエコタウン構想である．既存のプロセスに廃棄物の資源化をうまく組み込みながら，廃棄物発生量を最小化することは合理的な方法である．大量の物質とエネルギーを取り扱う鉄鋼，セメント，非鉄，石油化学などの素材産業の役割は重要であり，多くの技術革新が行われている．今後も個々の廃棄物や生産プロセスに応じた技術開発が続けられていくと思われるが，それらの基盤は本書にも紹介している分離，精製，製錬などを中心とした科学と工学であり，基礎と応用技術の両者の発展が望まれる．

一方，産業と廃棄物間，あるいは産業間の関連が強くなると，小さなプロセストラブルが大きな影響を及ぼすリスクが増大してくる．廃熱や廃棄物の供給がストップした場合だけでなく，廃棄物の再生処理により，製造した製品に不純物や品質の問題が発生した場合などにも，関連する産業全体に影響が及ぶ可能性もある．このような場合に備えるリスク低減システムの構築は重要課題であり，関連廃棄物の質と量の今後の変化を考慮した中長期的対策も必要である．さらに，リサイクルを容易にするための製品設計，部品規格の統一化，単純組成で高機能を発現する高度素材の開発など，将来的な課題は山積している．

第4章　演習問題

4-1　物質のリサイクルを進めなければならない理由は何であろうか．主要と思われる項目をいくつか挙げ，各項目について科学的，工学的な見地から考察せよ．

4-2　製鋼過程において，AlはFeより優先的に酸化されてスラグ成分となりやすく，SnやCuは酸化されずに溶鋼中に留まりやすいため，分離・除去が難しい．これを熱力学的な見地から検討せよ．

4-3　わが国では，一般廃棄物の多くが焼却などの中間処理を経て，最終処分されている．近年は，廃棄物焼却によって発生する廃熱（主に排ガス顕熱）を有効利用する試みがなされており，例えば，周辺施設への蒸気供給や発電が行われている．

　　ここで，日本の総エネルギー使用量と一般廃棄物が持つエネルギー（発熱量）を比

較し，廃棄物発電の与えるインパクトについて考察せよ．

第5章
プロセス間リンクによるネットワーク形成

　1，2章ではプロセスおよびシステムの解析法を学び，既存の製造装置や製品をプロセスシステム図で記述し，考察する能力を身につけた．本章ではプロセスが多数結びついた巨大複雑系である実社会システムのネットワークをどのように設計するか，また，それに必要な基本的考え方やプロセス間リンク創生のための要素技術を紹介する．

5.1　環境・エネルギー問題の定義

　環境やエネルギーの問題は多岐にわたるため，その定義は極めて難しい．本書で取り扱う問題を明らかにするため共通項を抜き出すと，

　　1）地球温暖化
　　2）鉱物および化石エネルギー資源の枯渇
　　3）廃棄物の大量発生

の3つに大別できる（図5.1参照）．これらは独立に存在している事象もあれば，共通性が高い部分もあり3つの輪で表現できる．また，それらの解決策には

　　ⅰ）エネルギー効率の改善
　　ⅱ）自然エネルギーの開発
　　ⅲ）人工物循環の制御

があげられ（図5.2参照），個別の輪に対してその対策を列挙している．これら総合的な成果として「快適環境で豊かな暮らし」をするための省エネ型物質循環社会の形成が期待される．これまでは，狭い視点からの製品，装置，工場づくりがそれぞれ独自の視点で行われ，相互に及ぼす影響を考えることなく実

行されてきた．だが，今後は異なるプロセス間を効率良く連結してネットワークを成長させながら，全体のエクセルギー損失和が常に最小になるようなシステム設計が求められるだろう．

そこでは，単なる既存の工学の概念の応用ではなく，全体も個も一つとして

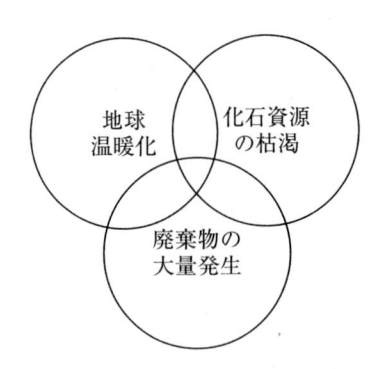

図5.1 現代社会が抱える環境・エネルギーに関する三重苦

1) 炭酸ガス排出がもたらす地球温暖化，2) 金属資源・化石燃料など化石資源の枯渇および，3) 廃棄物の大量発生，が3つの深刻な問題点と定義できる．この3者は単独に存在しているのではなく，微妙に絡み合っている．

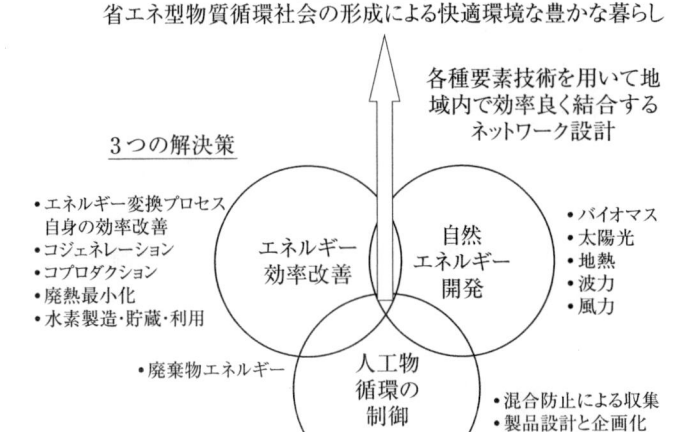

図5.2 環境・エネルギーの三重苦を解決し，快適環境で豊かな暮らしのための解決策

各種要素技術は個別に積極的に実施されているが，それらを採用し，効率良くプロセス間を連携するためにはネットワークの設計が重要となる．

捉え，周囲環境に応じて自らが機能を制御する新しい概念，**ホメオスタシス**（homeostasis：**自己恒常性維持機能**）の考えが重要になってくる．

【コラム 25　ホメオスタシス】

ホメオスタシス（homeostasis）とは生物システムが平衡状態を維持する現象全体を指す生物学の用語で，自己恒常性維持機能と訳される．ホメオスタシスは，生物個体内の平衡状態を維持するシステムをはじめ，動物の世界の捕食者と被食者の間にみられるような，生物群集における生態的な平衡状態にまで現れる．この概念は，19世紀にフランスの生理学者ベルナール（C.Bernard）によってはじめて提示され，アメリカの生理学者キャノン（W.B.Cannon）が命名した．ホメオスタシスの例は，ホルモンの分泌や酸塩基平衡にかかわる生体の自己調節機構，体液の組成，細胞の成長，体温の調節などにみられる．もっと視野をひろげれば，生物群集も，大きな障害がないかぎりは，ある程度のバランスを維持していく傾向を示す．

1980年代にガイア仮説が流行した．すなわち，地球のような惑星全体を一つの生命体「ガイア」とみなし，惑星全体があたかも一つの生命体のように振る舞うという考え方である．この仮説は，ある点でホメオスタシスの概念を単純に拡張したものとみなすことができるだろう．「持続可能な社会」や「持続的発展」など持続，サスティナビリティという言葉が多用されている．一方，人類はいつも一定の物質量を生産したり，廃棄しているのではなく，好況な産業もあれば，不況の産業もあり，その物質生産量は変化している．また，人口変動も地域差が明確になり，世界全体では増加の一途を辿っている．このように刻々と周りの状況が変化している中，すなわち，外乱に対しても持続的成長を続けることは可能なのだろうか．手遅れにならないよう破綻をさけるためにも，今，ホメオスタシス的な考え方が随所に求められている．

物質およびエネルギーのフローを個別に眺めると上記3項目の解決策がより明確になる．第4章でも述べたが，我が国には21億3,800万トン（約16.8トン/人）[1]が流れ込み，約6億万トン（約4.7トン/人）の廃棄物が発生し，そのうち2億1,200万トン（約1.7トン/人）が循環利用され，最終処分量（埋め立て処理量）は5,300万トン（約0.41トン/人）であることがわかる（図4.1参照）．2000年に制定された政府の循環型社会形成推進基本計画（循環基本計画）では2010年における3つの明確な目標が提案されている．すなわち，入口制御，出口制御および効率改善の数値目標である．

1）「入口」制御：資源生産性（＝GDP/投入資源量）の向上（28から39万円/トンへ）
2）「循環」制御：物質循環利用率の増加（10から14%へ）

---

[1] 括弧内は人口1億2,700万人（2004年10月）として計算した年間1人当たりの量である．

3)「出口」制御：最終処分量の半減（5,300万トンから2,800万トンへ）

ここで資源生産性の向上とは，より少ない投入エネルギーで多くの製品など付加価値を生み出すことを意味しており，分子には一定期間内に国内で産み出された付加価値の総額を表すGDP（国内総生産）を定義している．

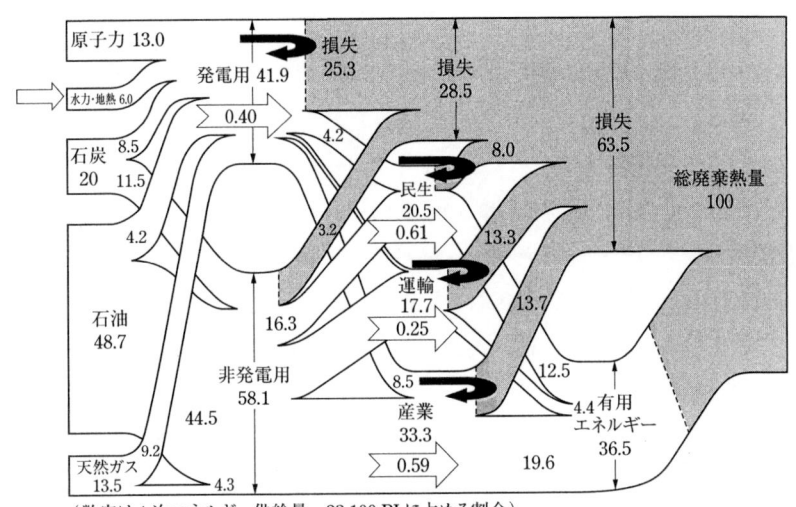

図 5.3　日本のエネルギーフロー

炭酸ガスの排出を低減し，エネルギーを有効利用するためには，1）入口の非化石エネルギーの割合を上げる，2）効率を向上させ，3）出口の廃熱のリサイクルを促進すればよい．白抜き矢印の中の数字は効率を表わしている．運輸の効率はわずか25%である（総合エネルギー庁「総合エネルギー統計」(2002) より）．

一方，図5.3には資源エネルギー庁のデータに基づき整理した日本のエネルギーフローを示す．日本には22100 [PJ]（174 [GJ]）の1次エネルギーが流入しているものの，その63.5%の14033 [PJ] が何も利用されることなく流出している．この完全未利用廃熱量は国民1人当たり年間110 [GJ]，1日当たりでは0.30 [GJ] となり，環境温度が25℃時の45℃のお湯に換算すると，3.6トンに相当する熱量である．36.5%で示される有用エネルギーも既に説明したように最終的には熱となり，総廃棄熱量として計上される．

エネルギーに関しても，入口制御，出口制御およびリサイクル促進・効率改善の3つの観点に注目するならば，物質と同様，それぞれの目標を掲げること

ができる．

1）化石燃料の使用量を減らし，現状は5％しかない非化石燃料の使用割合を向上することによる入口制御
2）38％（発電），61％（民生），25％（運輸），59％（産業）に留まっている各業種の効率のさらなる改善やコ・プロダクション適用による総合効率の向上
3）出口である廃熱の新たなエネルギー源としての再利用（リサイクル）である．

以上のような物質フローとエネルギーフローの改善は，これまでは統一的に議論されることなく，個別の対策が検討されてきた．これは前者が質量（トン），後者が熱量（カロリー，またはジュール）と単位が異なっているうえに，主たる担当官庁も異なることが遠因している．しかし，既に述べたようにエクセルギーで評価することになれば，これらを区別する必要はなくなる．エネルギー媒体は化石燃料のみではなく，それは姿を変えて市中に出回っている．例えば，投入された化石エネルギーは化学エネルギーに変換され，鉄鋼において3分の1，化学工業において2分の1が製品の形で市中に供給されている．つまり，これらが廃棄された際，高効率に回収し投入原料として水素や電気を製造することができれば，物質，エネルギーの再循環が可能になることを意味する．

このような考えに基づき，次のような戦略が持続型社会構築のための物質・エネルギー生産体系設計の基本思想として提唱されている．

1）物質に蓄えられた化学エネルギーを回収し再利用する物質・エネルギー再生（Material & Energy Regeneration）
2）高度エネルギー利用を目指しエネルギーと物質を併産するコ・プロダクション（Co-production）
3）高効率エネルギー変換，エクセルギー損失低減によるエクセルギー再生（Exergy Recuperation）
4）製品の省素材化を含めた素材・製品の高性能化・高機能化．

従来，製造者は製品の機能向上のみに注目し，開発するのが一般的であったが，今や原料調達までにどのような環境負荷があったか，さらに，廃棄された製品をリサイクルする際にどの程度の環境負荷があるか，について明確にした

製品作りが求められている．例えば，触媒，水素吸蔵合金，各種電池材料，半導体などのエネルギー変換材料の開発においては，希少資源を加えることにより性能が飛躍的に向上する場合があり，数種類以上の金属を併用して得られることが多い．しかし，これが廃棄される際には，分離回収は容易ではないため，リサイクル性を十分に考慮した**エコマテリアル**（eco-material）とは言い難い状況にある．

そのため今後はエネルギー変換材料を設計，製造するときには次の点に着目する必要があろう．

1) 化学的制御から物理的制御へ：微量金属元素を添加して化学的に多成分系材料を設計する時代は終わった．むしろ，物理的にその構造を考慮して，同じ化学組成でも機能が発現するような方法の開発が必要である．そこではナノ化材料や格子欠陥を制御する**不定比化合物**が脚光をあびる可能性がある．

2) LCA（Life Cycle Assessment）的評価：原料に金属を使用する場合，その金属がどんな原料からどのように製錬されて得られているのかを十分に理解し，さらに，廃棄後の分離方法や環境負荷を評価し，その負荷が大きい場合は設計を見直す勇気が必要である．このような観点が従来最も欠けていたことが指摘され，材料工学の教育においてはLCA的な評価方法を習得する必要が叫ばれている．

3) 金属・合金系から酸化物，酸窒化物へ：酸化物や，酸窒化物は大気組成である酸素，窒素を含有する原料を使用することができ，使用後も循環利用や廃棄が比較的容易と考えられている．

5.2 ネットワークと未利用エネルギー

未利用エネルギーとは，広義には，「エクセルギーを有しているにもかかわらず，未だ利用されていない全てのエネルギー」を指す．ただし，狭義には，熱エネルギーに限定している場合もある．表5.1は後者の場合のエネルギー区分，特徴および形態を表している．

この中で未利用エネルギーは，自然界に多量に存在するが低質のため従来利用されて来なかった温度差エネルギーと，製鉄所，発電所，各種工場などで発

【コラム 26 不定比化合物】

定比例の法則（J.L. Proust）によると一つの化合物を構成する元素の質量比は常に一定の整数である．例えば，二酸化炭素 CO_2 を考えると，構成元素である炭素と酸素の質量の比は常に 1：2 で一定となる．だが 20 世紀に入り，化学分析の精度が向上してくると，この定比組成からのずれ，すなわち，不定比性を示す化合物が多々存在することが明らかになってきた．特にセンサー，磁気テープなど機能性材料や半導体，高温超伝導材料，燃料電池材料などが登場し，にわかに脚光を浴びている．身近な例としてはウスタイト（FeO）が挙げられる．この化合物の組成は常に一定ではなく $Fe_{1-y}O$ から FeO の間で変化することが知られ，熱力学的には $1-y = 0.947$ としてデータベースでは取り扱っている．そのため p 型半導体として機能し，今まで知られていなかった特性が期待される．このような不定比化合物の研究では結晶格子欠陥の構造を調べ，それを応用することが重要で，まさに欠陥を逆手にとって制御する魅力的な材料設計法である．この方法では従来のような微量元素の添加は不要であるため，リサイクル性が向上する．不定比化合物は発明者の名前にちなんで**ベルトライト**（Bertholide）**化合物**と言われることもある．

【コラム 27 酸窒化物】

我々の文明は金属や合金が主役で支えられているが，酸素と窒素を含有するセラミックスが最近注目されている．なかでも Si, Al, O, N から構成されるサイアロンは有名で，Si_3N_4 に基礎をおく不定比化合物（$Si_{6-z}Al_zO_zN_{8-z}$；$0 < z \leq 4.2$）の略称である（$z = 0$ は Si_3N_4 に対応）．1971 年発見以来，軽量，低熱膨張，高剛性であり高温強度，耐食性，耐摩耗性，耐熱性，耐熱衝撃性の観点から幅広い領域の研究者を引き付けてきた．これに伴い，急激に研究報告が増え，2001 年にはサイアロン国際会議が開催された．さらに最近では低誘電特性，触媒性などからも注目を浴びている．原料に希少資源を含まず構成元素自身が豊富にあり，不定比性，すなわち z 値を変化させることにより物理的構造が制御できるため，究極のエコマテリアルと位置づけられている．今後は高精度に成分を制御したその工業的規模の製造方法の確立が期待されている．

表 5.1 未利用エネルギーの定義（狭義）

エネルギー区分	特　　徴	形　　態
自然エネルギー	自然界に存在．エネルギー密度低く，分散している．温度変動は小さく安定しており，賦存量は極めて大きい．	温度差エネルギーを指す．河川水・海水・地下水など．夏は大気より冷たく，冬は大気よりも暖かい水．
廃　熱	化石燃料使用中あるいは使用後に，直接，間接的に生じる熱のうち，未回収のものを指す．時間的変動は大きく，需用地との距離がある場合が多い．賦存量は極めて大きい．	工場廃熱，下水道廃熱，群小都市廃熱，発電所廃熱，製鉄所廃熱，セメントキルン廃熱，ごみ焼却場廃熱，地下鉄・地下街廃熱，LNG 冷熱，地下送電線廃熱など．

生する廃熱の2種類に分けられる．廃熱は最終的には大気放散や冷却排水（温水など）として捨てられる．

我が国のエネルギーフローからは，各種産業で使用される石油，石炭，天然ガスなどの化石燃料の66%は廃熱となっていることがわかる．これら廃熱の媒体は固体，液体，気体と多様であり，しかも温度レベルは−160℃（液化天然ガス）から1,550℃（製鉄所）と幅広く分布している．これらを積極的に再利用することにより，個別に投入されている化石燃料を節約することができ，CO_2の放出量削減にも寄与可能であろう．

比較的再利用しやすい高温域の廃熱は，水蒸気ボイラなどを使用して他のプロセスや民生用の熱源や，さらにタービンによる発電にも起用されてきている．

【コラム 28　ヒートポンプ】

フロンガスなど液化しやすい冷媒ガスを使い，断熱圧縮と断熱膨張によって水を汲み上げるポンプのように，低温側の熱を高温側に汲み上げる装置（図 5.4 参照）．冷暖房兼用エアコンなどが典型的な例である．汲み上げる際には電気が必要であるが，トータルのエネルギー効率としては電熱器暖房に比較して，はるかに優れている．すなわち，熱源として河川水等の未利用エネルギーを活用すると，冬場は大気温度に比べ安定して高い熱源が得られることから投入電力の節約がはかれ効率が向上する．また，冷房時には逆に室内の熱を汲み上げて，室温より高い外気に熱を放出する運転が行われる．

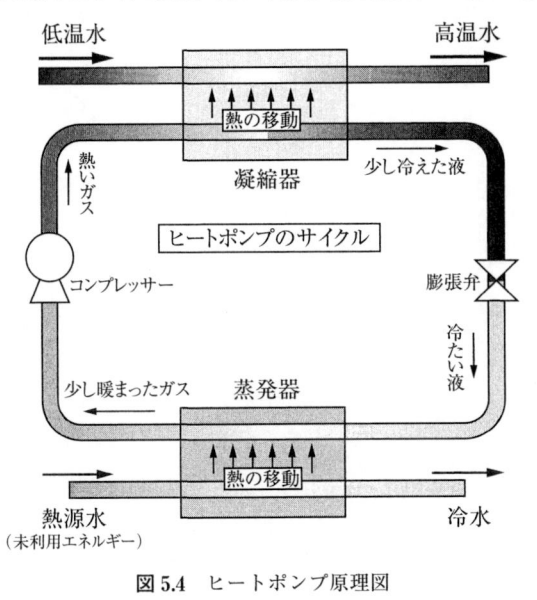

図 5.4　ヒートポンプ原理図

一方，低温域の低質の廃熱に対しては，ヒートポンプを利用した高温化も試みられている．

効率的で安定な廃熱の回収およびリサイクルのためには，熱エネルギーの貯蔵・輸送方法の開発が重要となる．表5.2に蓄熱方式の分類を示す．現状では①顕熱利用型および，②潜熱利用型が主流であり，③以降は実用化のためのハードルが高く，技術開発の課題が山積している．顕熱利用型の蓄熱は最も容易で，導入しやすいため，蒸気回収や発電など，従来から普及が進んでいる．潜熱利用型の蓄熱技術例としては，前述のヒートポンプが挙げられ，気-液間の相変化に伴う潜熱が利用されている．固-液間の相変化に伴う潜熱利用は，特に低温域で実用化が進んでいる．最近では夜間電力を利用した氷蓄冷などに見られる．安価な夜間電力を利用して氷を作り，昼間の冷房負荷を下げることが可能である．氷の潜熱は同一質量の水の顕熱に対して約80倍大きく，高密度のエネルギー蓄積が可能である．相変化の際の潜熱量が大きく，繰り返し使用時にも相分離せず，過冷却現象がない物質を **PCM**（Phase Change Material）と呼び，低温から高温まで広範囲の温度域に対応できるように開発が進められている．蓄熱・放熱の繰り返しによる劣化がなければ，半永久的に使用可能であり，その応用，発展が期待されている．今後は特に中高温域の廃熱回収への適用が注目されている．

表5.2 蓄熱方式の分類

蓄熱方式	例
①顕熱利用型	水，レンガ，コンクリートなどの温度差利用
②潜熱利用型	塩水和物，パラフィン，有機化合物などの相転移含む
③化学型	1) 可逆反応利用型：$Ca(OH)_2 \Leftrightarrow CaO+H_2O$，水素吸蔵合金，メタノール生成分解 2) 不可逆反応利用型：$C+H_2O \rightarrow CO+H_2$，$CaCO_3 \rightarrow CaO+CO_2$ など吸熱反応で直接回収
④熱電変換型	熱電対，BiTe，SiGe，Mg_2Si など
⑤濃度差型	硫酸溶液の濃縮と希釈など
⑥光化学型	アントラセンの光二量化

化学型蓄熱法は，これまで主として可逆反応を利用したエネルギー輸送を目的として開発されてきた．水素吸蔵合金，メタノールが代表例である．すなわち，廃熱と接触させることにより分解吸熱反応を生じさせ，熱輸送媒体を生成させることにより，熱を化学エネルギーとして回収する．これを熱需用地域までパイプラインなどで輸送した後，逆反応に伴って発生する熱を利用することで，熱回収が可能となる．パイプラインによるスチーム輸送の場合は，熱損失が大きく，輸送可能な距離は高々1～2［km］が限界であるが，この方法では熱損失がないため，長距離輸送が可能となる．輸送コスト低減などを図り，経済性を成立させる条件を見いだすことが今後の課題である．

　化学型蓄積の概念をさらに進め，輸送工程を省略して，他のプロセスで必要な吸熱現象へ直接利用することはできないだろうか．このような観点から，熱のカスケード利用による異業種間のプロセス間リンクを目指す動きがある．例えば，鉄鋼業では依然として1,550℃の高温廃熱が存在するが，この温度レベルは全産業中最も高い温度域の廃熱と位置付けられる．この温度は鉄を製造する際に発生するスラグの融点に由来しており，発生量も年間3,000万トン以上と莫大である．一方，セメント製造プロセスにおいては，最高温度は1,450℃程度であるが，主反応である石灰石の熱分解反応は，900℃程度の温度で進行可能である．また，石炭のガス化反応は800℃程度で行われ，天然ガスの改質反応（主反応はメタンを水素に転化する反応）は800℃程度，石油ナフサの熱分解は900℃程度，紙パルプ産業では400℃程度の温度が必要である（図5.5参照）．共通する特徴は，これら吸熱反応を生じさせるために，それぞれのプロセスが化石燃料を個別に使用していることであり，さらに，ほとんどが不可逆吸熱反応である．一方，化石燃料の燃焼においては，必要な酸素を，燃焼廃熱などを利用して予熱することにより，数千℃以上の超高温を達成できる可能性を持つ．このような高質で貴重な化石エネルギーを有効利用するためには，上述した熱のカスケード利用システムの最適化が重要である．このような考えに基づき，多業種が隣立しているコンビナートの現状を調査・把握し，エネルギーをキーワードにした最適な組み合わせを提案するための研究・開発が行われている．

　発電時に生じる廃熱を回収し，民生に有効に利用する方法が**コ・ジェネレー**

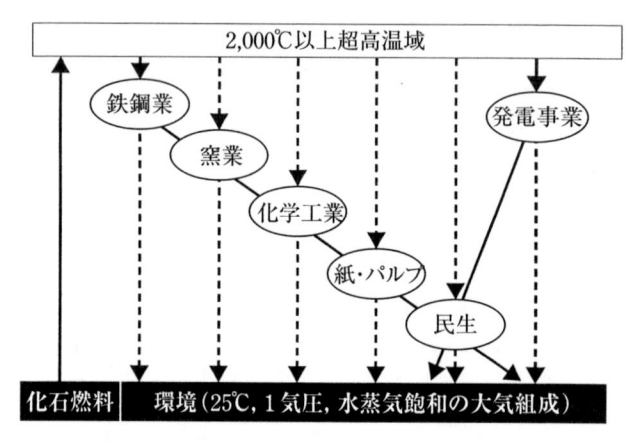

図5.5 熱カスケード利用とコ・ジェネレーション

ション（co-generation）である．さらに将来的には，エクセルギー損失最小化の観点から各産業をネットワーク化し，**コ・プロダクション**（co-production：同時生産）を目指す動きが活発化するだろう．従来のエネルギー評価は製品単位量当たりのエネルギー原単位を指標としてきたが，今後はその分子，分母を入れ替えた，より少ない投入エネルギーで多くの製品を生み出す「**環境効率**」を定義し，その向上を目指す必要があるだろう．

以上をまとめると，
1. 未利用エネルギーには自然エネルギーと廃熱の2種類がある．
2. 熱エネルギーのリサイクルは，現状では顕熱，潜熱利用型であるが，将来的には化学反応利用型へと進む．
3. エネルギーの評価因子は原単位から環境効率へと移行していく．

の3点となる．

【コラム 29 LNG 冷熱利用】

天然ガスは産出国で液化され，液化天然ガス（LNG）として輸入した後，気体に戻し個別の需用先で使用される．このLNGは－160℃の低温液体で1トン当たり240 [kWh] のエネルギーを持ち，1,100℃の廃熱と同じエクセルギーを有している．そのためエクセルギーの視点から，この未利用エネルギーであるLNG冷熱を有効利用する方法が提案されている．発電効率は環境温度を低下させることにより向上させうる．そのため例えば夏場の高気温時に低下するガスタービン発電設備の出力を回復させるために使用する方法などが考案されている．

5.3 ネットワーク形成

5.3.1 ネットワーク研究

20世紀の研究の背景にはデカルト（R.Descartes）の**還元主義**の思想があった．図5.6はその変遷を表している．「還元主義」とは，自然を理解するためにその構成要素までたどり調べることを意味しており，未知の現象の解析に対しては有効な方法論とされる．例えば，我々は宇宙の原理を明らかにするために原子構造や超ひも理論を学び，生命や人間活動を理解するために分子構造や遺伝子を学び，材料設計を自由に行うためにナノ粒子やナノ構造を学び，そして流行や宗教の起源を知るためにその預言者を調査してきた．しかし，自然を完全に理解するためにはまだほど遠い状況にある．なぜなら，構造を知るために一旦バラバラにした部品，それも限りなく細かく分けた部品は逆にそれを組み上げるための組み合わせの数は莫大な数に上り，全てを調べるのは不可能だからである．皮肉なことに，細かくすればするほど全体像を理解することが困難になってくる．いわゆる1980年代に出現した複雑系の壁である．

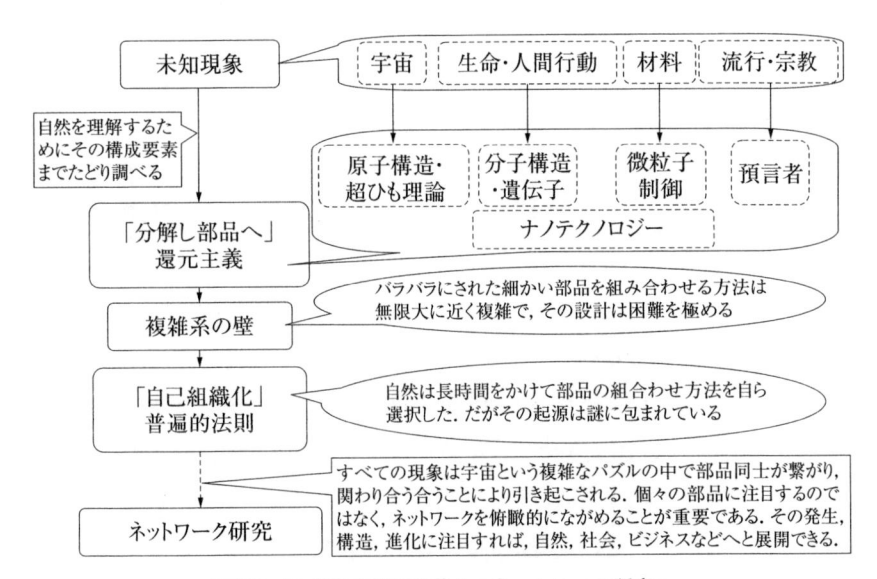

図5.6 20世紀の還元主義からネットワーク研究へ

自然界は状況に応じてさらりと自ら形を作り上げていく．最近はあたかも普遍的な法則「自己組織化」という概念で説明できるかのように議論されているが，依然としてその根元的な理解は困難な状況といえる．重要なのは「構造化」するためにバラバラにした部品を組み上げるための「統合化」である．

近年，あらたにわかってきたことはすべての現象は完全に孤立した系では何も生じないという事実である．言い換えると，すべては直接あるいは間接的に何らかの形でつながっている．そのつながり具合をある意味で無視して研究してきたのが還元主義であった．したがって，そのつながり具合を研究する学問，統合化のためのいわゆるネットワーク研究が広範な分野において注目を浴び発表論文数もかなりの数にのぼっている（図5.7）．

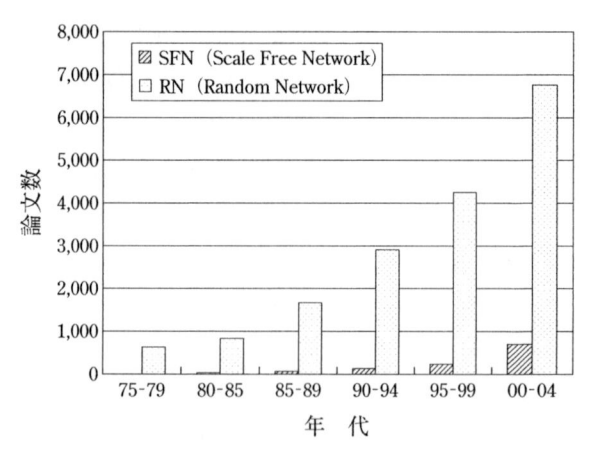

図5.7 データベース INSPEC によるネットワーク関連の論文数の推移

SFN の概念が 90 年代後半に Nature, Sciennce に報告された影響で，2000 年以降論文数が急速に3倍以上に伸びているのがわかる．

5.3.2 ネットワーク構造

今つながり具合に関連する全てをネットワークと呼ぶことにするとその適用先は極めて広く，図5.8に示すように多くの現象を含有する．そのためこの分野の研究は学際領域的な学問として物理学者を中心に熱い視線が注がれ最近急速に展開してきた．はじめは生物や物質などを対象にその構造を調べていたが，全く人工的創造物であるインターネット，俳優の共演関係，運輸網やさらには

【コラム 30　俯瞰工学】

現在，学問は極端なまでに細分化し，同じ領域でも少しでも専門が異なると単語や表現が異なっていたりして，全く理解できないという弊害を生み出している．そのため細分化された分野を上から眺め全体をうまくつなぎあわせようという領域，「俯瞰工学」という分野が生まれたが，これはまさにネットワーク研究の一部に属しているといえるだろう．俯瞰工学とは，工学を社会・経済・文化・国際等の周辺部と合わせて俯瞰し，工学の大局的最適化のための，方向や形を追求する学問と定義している．この他にも，エイズ感染のメカニズム，ガンや精神病の遺伝子ネットワーク，アルカイダのテロリストネットワーク，生態系や細胞の生化学（自然の安定性），経済ネットワークなど周りを見渡すとすべてがネットワーク理論で説明できるような期待感を抱かせてくれる．

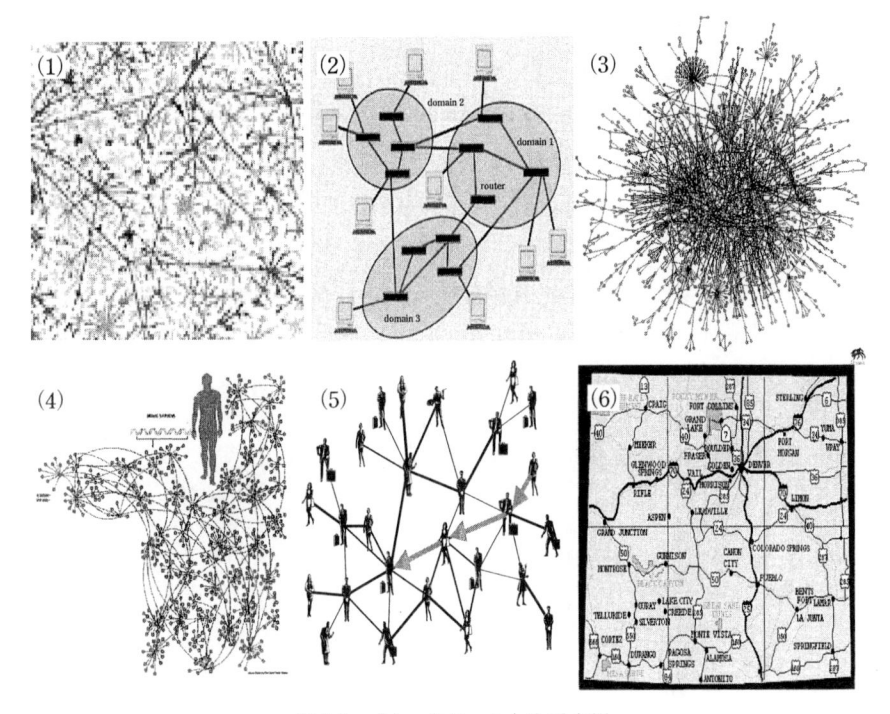

図 5.8　「ネットワーク」を示す例

(1) 酵母菌の繁殖状況，(2) インターネットマップ，(3) タンパク質ネットワーク（H. Jeong, S.P. Mason, A.-L. Barabasi, Z. N. Oltvai, Nature 411, 41–42 (2001)），(4) ヒトの遺伝子（Steve Duense, The New York Times），(5) 友人関係，(6) 高速道路．これらの例はいずれも点と線でネットワークとして表現することができる．

文章の構造までもがネットワークの対象として解析され始めている．その結果，ネットワークの発生方法，構造，進化の仕方などに驚くほどの共通性が見いだ

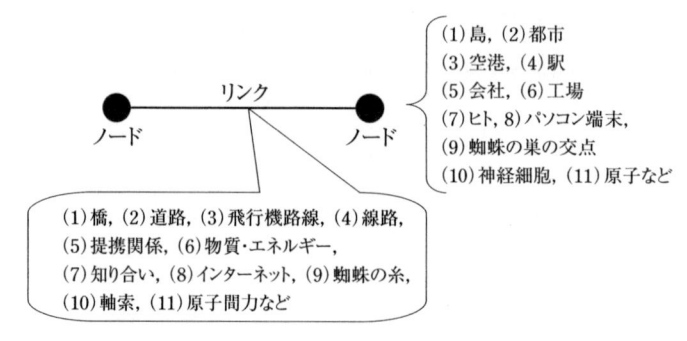

第5章 プロセス間リンクによるネットワーク形成

```
         リンク
   ●───────────●      ┌ (1) 島, (2) 都市
  ノード       ノード   │ (3) 空港, (4) 駅
                      │ (5) 会社, (6) 工場
                      ┤ (7) ヒト, 8) パソコン端末,
                      │ (9) 蜘蛛の巣の交点
                      │ (10) 神経細胞, (11) 原子など
                      └
```

(1) 橋, (2) 道路, (3) 飛行機路線, (4) 線路,
(5) 提携関係, (6) 物質・エネルギー,
(7) 知り合い, (8) インターネット, (9) 蜘蛛の糸,
(10) 軸索, (11) 原子間力など

図 5.9　ネットワークのノードとリンクの定義例

され，体系化が試みられている．

　議論を簡単にするために図 5.9 にネットワークの定義を示す．ここではノード（node）を点で，リンクを線で表すことにする．ノードはネットワークへの接続点を表し，都市，空港，駅，ヒト，原子，工場，会社，文字などいずれにでも定義することができる．ノード間の結合を**リンク**と呼び，実線で表現する．各ネットワークで独自の性質があり，**リンク (Link) 発生の法則**にも大き

ノード 10 に対して
確率 P でリンクする

$P = 1/6$
$N = 10$
$\langle k \rangle \sim 1.5$

Pál Erdös
(1913-1996)

リンクの方法は
・民主的に平等である
・ランダムである
ここで P は確率，N はノード数，$\langle k \rangle$ は
リンク平均値を表す．

Poisson distribution

$P(k)$ vs k, 中央に $\langle k \rangle$

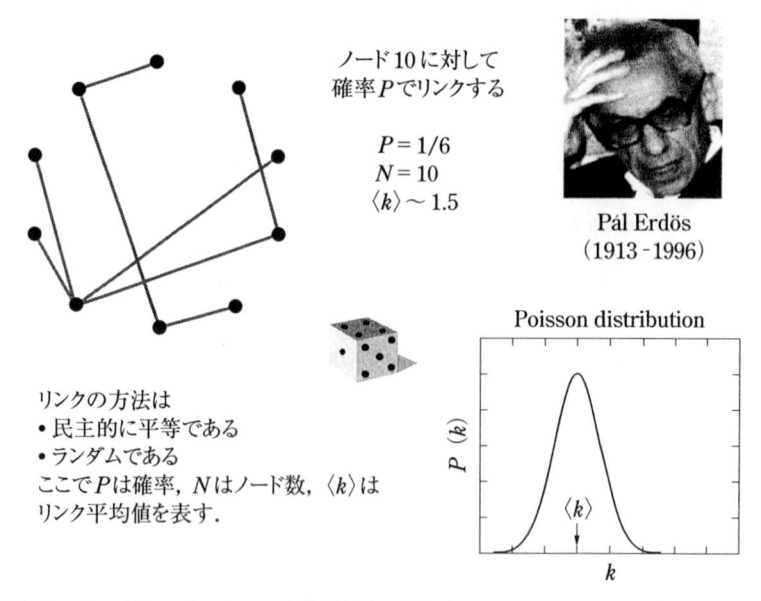

図 5.10　ランダム・ネットワークをはじめて表したエルディッシュ・レイニーモデル

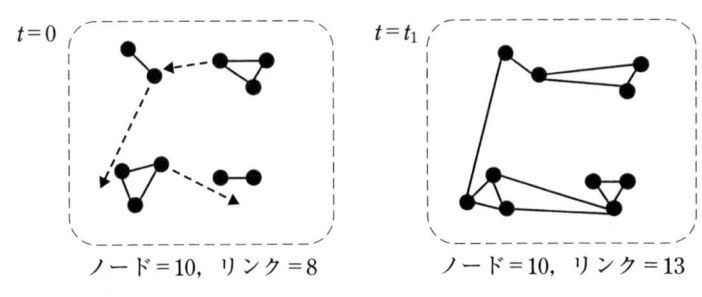

図 5.11 パーティにおけるネットワーク例とそのノードとリンクの記述

左図は開始直後，右図は t_1 時間後に左図の点線矢印で示すように3人が移動した場合を示す．このとき，リンク数はノード数を上回りクラスターが出現したことに気づく．

な違いがある．例えば偶発的出会いや意識的な決断によって友達や知り合いを作っていく人間社会と化学や物理の諸法則に支配される細胞などを同一に議論することは乱暴であろう．しかし一方，ネットワークの構造と進化は，単純かつ統一的な自然の法則に支配されていることが最近明らかにされてきた．特にエルディシュ（P.Erdös）とレーニィ（Rényi）により発表された**ランダム・ネットワーク理論**は1959年に発表されて以来今日に至るまで，ネットワークの科学を支配している．そこでは，いくつかあるノード同士はランダムに結ばれることを仮定している（図5.10参照）．そこにある思想は平等で民主的である．例えば10のノードがあり，サイコロを使って確率6分の1でリンク先を決めるとき，平均リンク数は1.5となる．一般的にランダム・ネットワークの確率分布 $P(k)$ は次式で表せる．

$$P(k) = {}_{N-1}C_k p^k (1-p)^{N-1-k}$$

大きな N に対して $P(k)$ は**ポアソン分布**（Poisson Distribution）となる．

$$P(k) = e^{-\langle k \rangle} \langle k \rangle^k / k!$$

次にパーティをネットワークとして捉え記述してみよう．図5.11はパーティ開始直後 $t=0$ と時間 $t=t_1$ 経過後におけるネットワークを記述した例である．面識のない10人の客を呼んだパーティをネットワークで記述するため，客を黒丸，出会いを実線ラインで表現する．左図のように開始（$t=0$）とともに2,3人が集まり話し始める．このとき異なるグループに属する客とはまだ面識がないが，時間 t_1 経過後，右図のように新しい知り合いを求めて3人が移動

するとき（左図の点線矢印参照），巨大な**クラスター**（Cluster）が出現する．この瞬間どの客も他のすべての客を知っているわけではないが，すべての客を含む社会的なネットワークが発生する．ここで言うクラスターとはブドウの房のようにつながりあったノードの集団を指している．

この現象を指して，

1）社会学では「**コミュニティの出現**」
2）物理では凝固時のような「相転移」または「**パーコレーション転移**（Percolative transition）」
3）数学では「**巨大コンポーネント**（component）**の出現**」

という．いずれも表現こそ違っているが，リンクが臨界値に達しネットワーク構造に変化が生じたことを意味している．このときリンク数とノード数に注目しよう．開始時にはノード数10がリンク数8を上回っているが，クラスター発生後にはリンク数13の方がノード数10より多くなっているのに気づく．

相転移点では**オイラー数**（Euler number：ノードの数－リンクの数）が0になることからこの値が一つの目安になる（図5.12参照）．すなわち，オイラー

オイラー数＝ 点の数－線の数	ネットワーク形状	ベッチ数＝ かたまりの数（0次ベッチ数） －穴の数（1次ベッチ数）
$2-1=1$		$1-0=1$
$2-2=0$		$1-1=0$
$2-3=-1$	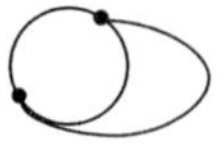	$1-2=-1$
$4-4=0$		$2-2=0$

図5.12 ネットワーク形成に関するオイラー数とベッチ数の求め方
オイラー数とベッチ数は同じくなる．臨界値0を境にネットワーク構造に違いが生じる．（私信；北大　丹田聡教授）．

数，より厳密には**ベッチ数**（Betti number）が正のときはノードの数がリンクの数を上回るためクラスターは出現しないが，負になるとリンクの数が上回るため，クラスターが突如として出現する可能性がある．この点に注目すると同じノードが存在していてもそのつながり具合は全く異なる場合がある．

図5.13はノード9を持つネットワークの2つの構造を表している．同じノード数でもネットワークが形成されてもその**トポロジー**（topology：つながりぐあい，位相幾何学）は全く異なっていることがわかる．

例えば1つ1つのノードにぶら下がっているリンクに注目してみよう．左はどのノードからも平均して3から4本のリンクが張られているが，右は1つしかリンクが張られていないノードもあれば，十数本も集中してリンクが張られている人気のあるノード，すなわち，**ハブ**（hub）が存在している．このように身の回りにあるいくつかの現象をネットワーク表示して，横軸にリンクの数，縦軸にノードの数をプロットしてみるとさらに興味深いことがわかる．

ノード=9　　　　　　　ノード=9
ランダム　　　　　　スケールフリー
ネットワーク（RN）　　ネットワーク（SFN）

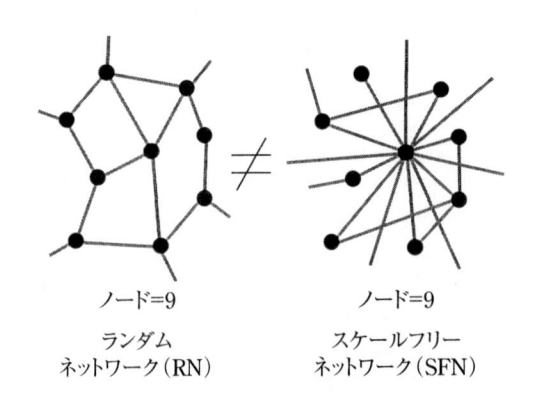

図5.13　ネットワークの2つの構造（私信；北大　丹田聡教授）

バラバシ（A-L.Barabasi）らがインターネットを対象に，ノードとしてWebのドキュメント，リンクとしてURLリンクに着目し調査した例を示そう．彼らは30億以上のドキュメントを対称にその構造を調べたところ，予想していたランダム・ネットワークに現れるポアソン分布ではなく，図5.14に示すように極端に左肩が上がり両対数を取ると直線となる，べき乗則に従い$p(k) = k^{-\gamma}$で記述できることを発見した．

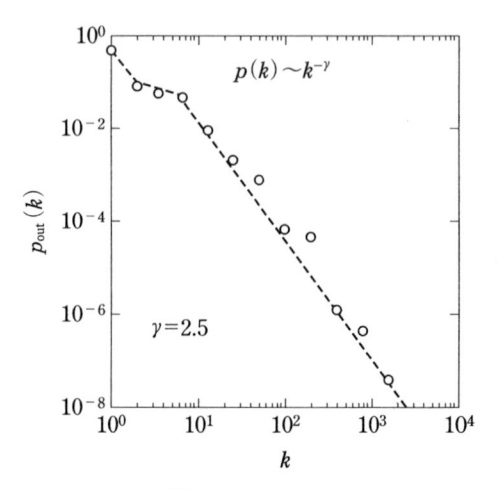

図 5.14 横軸を Web ドキュメント，縦軸を URL としたインターネットのネットワーク解析例（R.Albert, H. Jeong, A-L Barabasi, Nature, 401, 130, 1999）

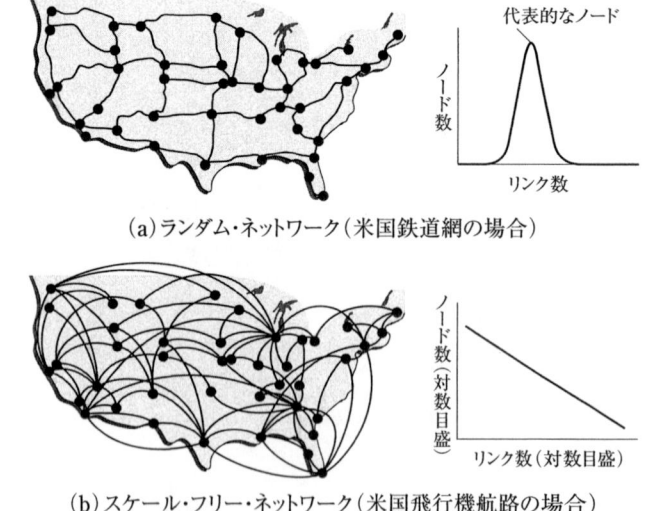

（a）ランダム・ネットワーク（米国鉄道網の場合）

（b）スケール・フリー・ネットワーク（米国飛行機航路の場合）

図 5.15 鉄道網と飛行機航路のネットワークと「リンク数 vs ノード数」グラフ（The New Science of Networks, 2002）

図 5.15 の (a), (b) は鉄道網および空路網のネットワークと「リンク数 vs ノード数」の関係を表す．鉄道網では駅，すなわち，ノードはランダムに分布し，釣鐘型分布を示すが，空路網ではシカゴやロスアンジェルスのようにいわゆるハブ空港を有するため，局所的にリンクが集中するノード（ハブ）がいくつか出現している．

複雑なシステムは多種多様でありばらばらに見えるが，実は共通する特性を有している．それは多数のリンクを有する比較的少ないハブに支配されていることである．ハブは多くのリンクを持つが，一方ではわずかなリンクしかないノードが多数存在する．このようなシステムはスケール（縮尺）が存在しない（フリー）ように見えることから**スケール・フリー・ネットワーク（SFN：Scale Free Network）**と呼ばれる．SFN の特徴は偶発的な障害に対して非常に強い抵抗力を持つことである．高速道路網のようなランダム構造では，あるノードが破壊されただけで，関連するシステムが通信不能な孤島に陥り寸断されるが，SFN ではいくつかの経路は生き残り続ける．実際インターネット上では常に多くのルーターが故障しているが大きな混乱はほとんど生じない．ただし，ハッカーによるサイバー攻撃のような意図的で組織的なハブの攻撃には極端な弱さを示す．

以上を含めて多くのネットワーク研究からその構造は大きく分けて 2 つに分類することが可能であると考えられている（図 5.16 参照）．

1) **ランダム・ネットワーク**（Random Network）

「リンク数 vs ノード数」グラフでは釣鐘型のポアソン分布で表される．裾野は指数関数的に急激に減少し 0 に近づく．身長の分布，試験問題の点数分布，IQ，気体分子の運動速度などにこのネットワーク構造は現れる．このネットワークが意味することは「均質性」であり，数十年前まで科学者はほとんどの自然現象はこの分布で説明することができると信じていた．大多数のノードは同数のリンクを持つこと，そして平均からはずれるノードは極めて少ないことを意味している．

2) **スケール・フリー・ネットワーク**

「リンク数 vs ノード数」のグラフでは左肩上がりのなめらかな曲線となる．右肩はゆっくりと減少しなかなか 0 にならないことが特徴である．

インターネット，ハリウッド俳優，論文引用関係，細胞内の分子，収入分布などに現れる．このネットワークが意味することは無数の小さな事象とひと握りの極めて大きい事象が共存している点にある．さらに両対数を取ると，傾きは直線になり，べき乗則に従うことがわかる．個々のネットワークは独自のべき指数を持ち，その値はたいてい2から3の間の値を持っている（表 5.3 参照）．このネットワークはノードの大きさに無関係に現れることが 1999 年にバラバシらにより見いだされこのように命名された．

このネットワークには必ず少数のハブが存在する．多くのリンクを有する第 1 のハブには，第 2，第 3 のハブが僅差で続きいくつかのハブの後にはリンクが極めて少ない無数のノードが続く．現実のネットワークの構造的安定性や，動的振る舞い，頑強性（ロバストネス），故障や攻撃に対する耐性はすべてハブの存在によって説明できる．

固体，液体，気体となるに従って分子運動は活発になって，気体ではかなり

表 5.3 これまで報告されている SFN のべき指数

インターネット	俳優共演	論文引用	性体験	細 胞	電話回線	言語学*
$\gamma = 2.5$	$\gamma = 2.3$	$\gamma = 3$	$\gamma = 3.5$	$\gamma = 2.1$	$\gamma = 2.1$	$\gamma = 2.8$

*ノードは単語，リンクはテキスト内の共起性または意味上の関係性（類義語，反義語）．

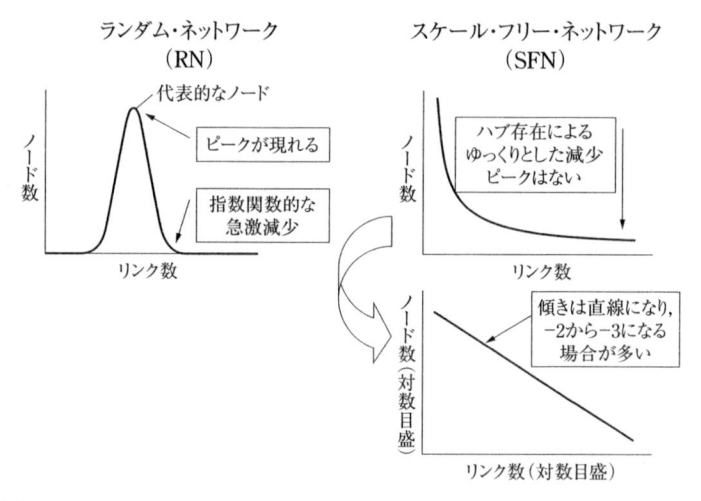

図 5.16 ランダム・ネットワークとスケール・フリー・ネットワークの特徴

自由な振る舞いをし，ランダムに飛び回っている．温度の低下に伴ってそのランダムさは低下し臨界温度（沸点，融点）を経て，液体，固体となり原子構造の秩序化が進む．磁気特性からスピンは温度が高いとそれぞれ好き勝手な方向を向いているが，臨界温度（磁気変態温度）を経てすべての原子のスピンが同じ方向を向いた磁石となる．またセラミックスが超伝導になるときも含め，これら相転移のときにはいずれも RN から SFN に移行することが報告されている．自然は元来，べき法則を嫌い通常の系ではどんな量も釣り鐘分布になるが，系が相転移しなければならない事態に追い込まれると状況は一変してべき法則が出現する．すなわち，無秩序（カオス）から秩序への道は「**自己組織化**」という現象で説明されるが，そのためにはべき法則という道を必ず歩いていくことになる．

ネットワーク研究はめざましい進歩を遂げ，Nature や Science など著名な雑誌でも頻繁に取り上げられるホットな話題である．それだけに十分に成熟し理論体系が確立された分野とは言い難い．今後に期待される応用としては，格子欠陥を制御する材料の設計，コンピュータウイルスから守る効果的戦略，病巣だけをたたく医薬品，消費者の購買行動や科学的理解など多くの事例があげられている．

【コラム 31　ハブ空港】

このハブとは自転車の車輪が主軸にとりつけられる部分で，金属棒スポークはハブとタイヤを結合している．もし n カ所の空港を相互にむすぶのであれば，路線数は，$_nC_2 = n(n-1)/2$ となるが，一定の地域に中心となる空港を設定し，そこから周辺の空港に路線を設定すると，路線数は $n-1$ だけになる．こうして路線数を減少させ，経営効率をあげる方式をハブ空港システムという．ハブ空港に発着便を集中し，直線では短距離の場合でも，1度ハブ空港を経由してから目的地に向かうようにすれば効率的に運航できる．ハブとハブの間は航続距離が長い大型機で輸送効率を高くしている．

【コラム 32 ベーコン数（Bacon Number）】

ネットワークを理解するのに興味深い実態調査の例がある．米国に Kevin Bacon という俳優がいる．今仮にケビン自身をベーコン数1として，彼との共演者をベーコン数2としよう．次にケビンとは直接共演したことがないが，ベーコン数2の役者と共演したことのある役者をベーコン数3とする．このようにして順番にベーコン数を割り振っていくことにする．

表5.4 ケビンベーコングラフにおける分布状況（1997）とケビンベーコン

J (Bacon Number)	Γj	Λj	割合（％）
0	1	1	0.0004
1	1,182	1,182	0.5248
2	71,397	72,579	32.2250
3	124,975	197,554	87.7137
4	25,665	223,219	99.1089
5	1,787	225,006	99.9023
6	196	225,202	99.9893
7	22	225,224	99.9991
8	2	225,226	100.0000

ここで j, Γj, Λj はそれぞれベーコン数，ベーコン数 j を持つ俳優の数，ベーコン数 j 以下を持つ俳優の総数を表している．この場合6次の繋がりで99.99％の俳優がベーコンのネットワークに存在していた．(J.Watts, Small World (2001), p.32, Princeton Univ. Press)

米国の俳優データベース22万あまりについて調査した結果を表5.4に示す．その結果，驚くべきことに最大でベーコン数8で全員に番号を割り振ることができた．よく見るとベーコン数6で99.99％の役者は分類できている．これはランダム・ネットワーク（RM）ではありえないことで，スケール・フリー・ネットワーク（SFN）であることを明確に示している．ケビン自身は1,182人しか直接の共演者はいないが，2次，3次の繋がりとなる，ベーコン数2，3の中にハブがいることの傍証といえる．この場合ハブは一流役者で数多くの共演者を有する人物である．これらのデータから平均繋がり距離を計算することができる．ケビンの場合は876位2.786981であった．ちなみに1位 Rod Steiger (2.537527)，2位 Donald Pleasence (2.542376)，3位 Martin Sheen (2.551210) であった．

これと類似する例に，著名な数学者エルディシュとの共著論文の繋がりを表すエルディシュ数がある．繋がりは数学者に限らず，経済学者や工学者にまで広がり，結果はSFNであることを示している．関係者はなるべく小さな数字を持つことに誇りを感じている．またあるパーティで話をしていても30分もすると共通の友人を見つけ出すことはよくあることで，小さな世界（small world）を実感するがこれもSFNであることに由来している．映画で「あなたの知らない6人の他人」は地球上のどんな人も6回の握手ですべて繋がっていることを示唆している．

【コラム 33 パレードの（80：20 の）法則】

経済学者パレード（Pareto）は自身ではそのように命名していないにもかかわらず，80：20 の法則を見いだした研究者として有名である．例えば，
- エンドウ豆の 80% は 20% のさやからもたらされる．
- 化石燃料の 75% は世界人口のわずか 20% に当たる日欧米が消費している．
- 収益の 80% は従業員の 20% があげている．
- 顧客サービス関連トラブルの 80% は消費者の 20% が持ち込んでいる．
- 決定事項の 80% は会議時間の 20% に処理される．
- 犯罪の 80% は犯罪者の 20% が犯している．
- リンクの 80% は WEB ページの 15% が握っている．
- 引用論文の 80% は科学者の 38% に相当する人の論文である．

などなど．これらの例が意味することは，皆「我々のやることの 5 分の 4」は意味がないということを表している．ではこの法則は万能で，すべての現象に本当に適用可能なのだろうか？ 実はこれらの事象が成立する裏側にネットワークの構造が関係しており，いずれも SFN であることが最近明らかになった．

5.3.3 ネットワークの成長と構築

　ネットワークの成長，すなわち，速度論はその重要性にもかかわらず，これまであまり議論されてきておらず，明確ではない．RN の議論においては既にノードは存在し，皆平等という仮定で議論されてきた．そこではノードの数は一定で増加もしなければ減少もしないという非現実的な条件である．これを打破するために成長に関する有力なモデルが最近提案されている．一例を図 5.17 に示す．左上から出発して 1 つずつ新しいノード（白丸表示）が増えるとしよう．このとき 2 つずつリンクを増やしていけるとすると，4 つ目以降のノードは一体どのようにリンク先を選ぶのであろうか．今仮に RN と同じようにランダムに平等に選ぶという仮定をおいてノードを選んで数値シュミレーションしてみると，古いノードほど有利になるため確かに勝者と敗者の区別はつく．ただしハブは現れず，SFN になるほど顕著な差はつかなかった．

　次に，
　1）ノードは 1 つずつ増え，かつ
　2）リンクの多いノードをその確率を考慮して優先的に選ぶ，

という仮定をすると，首尾良くハブが現れ，SFN をはじめて説明することができた．このモデルでは現実には「成長」と「優先的選択」が重要であることを教えた．このとき新しいノードが k 個のリンクを持つノードにリンクする

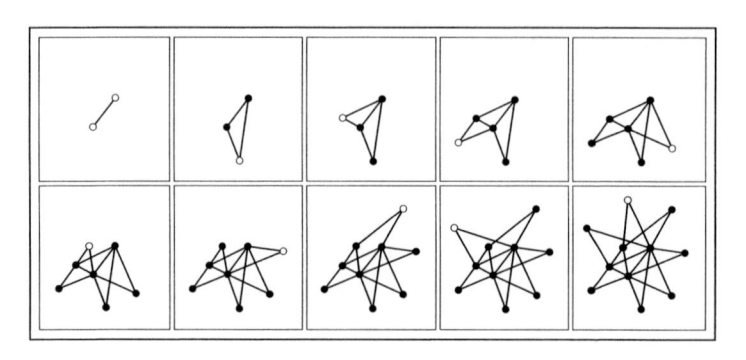

図 5.17 SRF の誕生
(A.L. Barabasi, Linnked ; The New Science of Networks, p.127, 2002)

確率は $k/\sum k$ で与えられる（スケールフリーモデル）．

さらに実際のネットワークではノードは無限に増え続けるわけではなく，消滅するノードが発生するため，より複雑となるはずである．この現象を組み込むために，「死」や「老化」を考慮するとより現実的になる．すなわち，ある時間以降は消滅する，リンクを一切しなくなる，あるいは，徐々にしなくなるという仮定を導入すると，ハブの大きさに制約を加えることがわかってきた．この場合いずれもべき法則は現れ SFN となるが，その指数に変化が現れ，ネットワークの個性を表現できる．

しかし，まだこのモデルでは現実離れしている点がある．それは単純にリンクの数に比例して選択確率が決まることである．この原理に基づくと「早い者勝ち」が強く強調されすぎて，新規参入者は成功を収めるのが極めて難しくなる．そのような弊害を打破するために**適応度** η という概念が導入された．適応度は競争の最前線にとどまる能力を定量化したもので，すべてのノードに割り振ることができる．その結果，新しいノードがリンク数 k，適応度 η のノードにリンクする確率は $\eta k/\sum(\eta k)$ となる（適応度モデル）．η をどのように与えるかは取り扱うネットワークにより異なり，この評価が重要であることは言うまでもない．

次にこのようなネットワークの成長過程にあるエコ・コンビナートの例を見てみよう．デンマークの Kalundborg 市（人口 19,000 人，面積 200 [km^2]）は産業間連携の例として著名である．公表されている 1975, 1985 および 2001 年

のデータに基づき産業間のネットワークが構築される例を図 5.18 に示す．当初は事業所単位に独立に存在していてリンクは少ない．単に湖からの水を石油精製・化学工場や発電所に利用し，工場の排ガスを建材工場に供給するに留まっていた連携が，2001 年にはこの 2 つを中心に 19 本のリンクを有する大きなネットワークに成長している．これらの推移を「リンク数 vs ノード数」グラフ上に表現すると，図 5.19 のようになる．次第にハブが現れ SFN に移行していることが判明した．

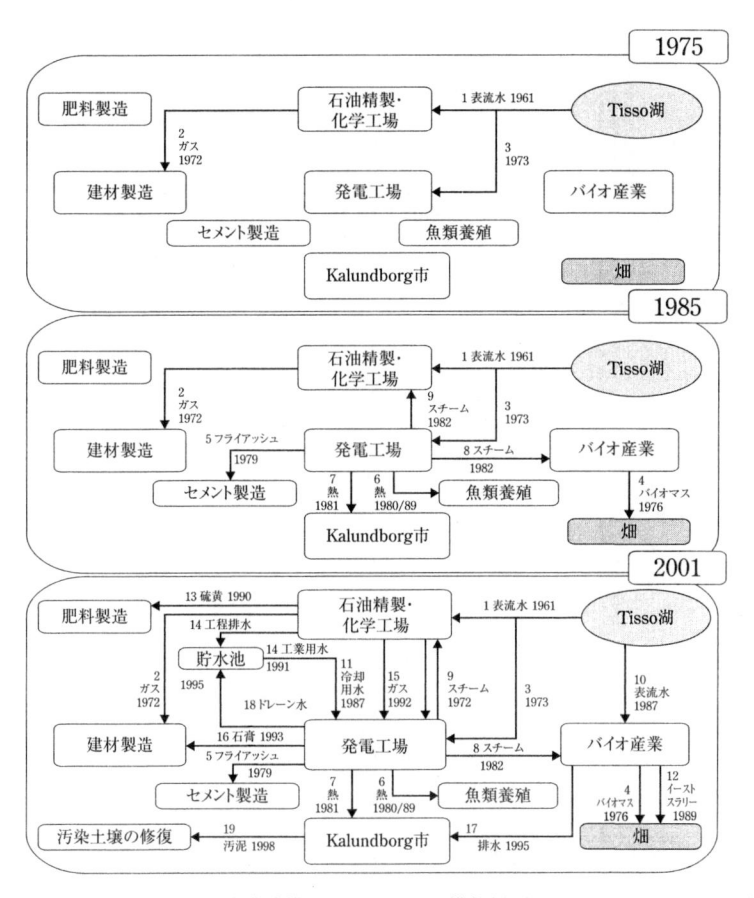

図 5.18　Kalundborg 市の産業連携ネットワークの構築例（http:www.symbiosis.dk/）

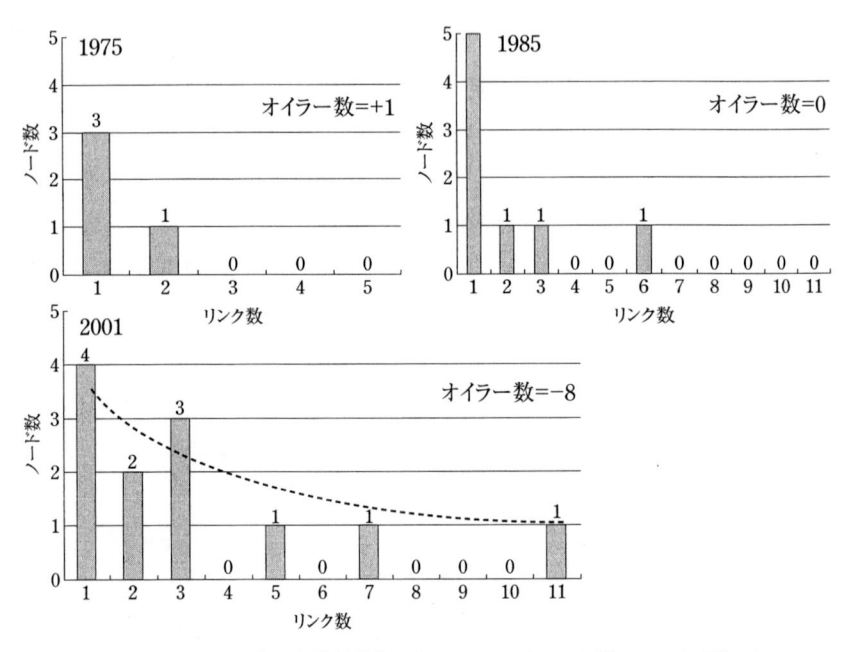

図 5.19 Kalundborg 市の産業連携ネットワークの（リンク数，ノード数）グラフ

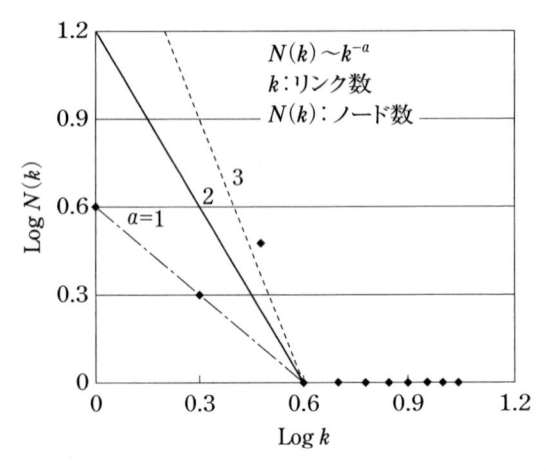

図 5.20 Kalundborg 市の 2001 年の産業連携ネットワークの（log（リンク数），log（ノード数））グラフ

図 5.20 は Kalundborg 市の 2001 年の産業間連携ネットワークの（log（リンク数），log（ノード数））グラフを示している．SFN 構造を解析するために，

データを黒丸でプロットし，べき指数 1，2，3 の理論値を線で併示している．データ数が少ないため，べき指数を決定するには至っていないが，今後連携が増えるに従って SFN 的な挙動を明確に示し成長していくことであろう．

このようなネットワーク構造に基づいた産業間連携の解析や設計はほとんど議論されておらず，まとまった学問として確立されるには至っていない．しかしながら**エコ・コンビナート**（ecological complex）は間違いなく産業活性化，環境，エネルギー問題を解決する重要なネットワークの一つであり，物理学者を中心に研究されている「トポロジー」解析の発展が今後期待される．環境エネルギー問題を解決しつつ，さらにエクセルギー損失和最小化を目指しつつ，エコ・コンビナートのようなネットワークを形成するには，1，2 章で述べたプロセス設計法およびシステム設計法とネットワーク理論の融合が不可欠であ

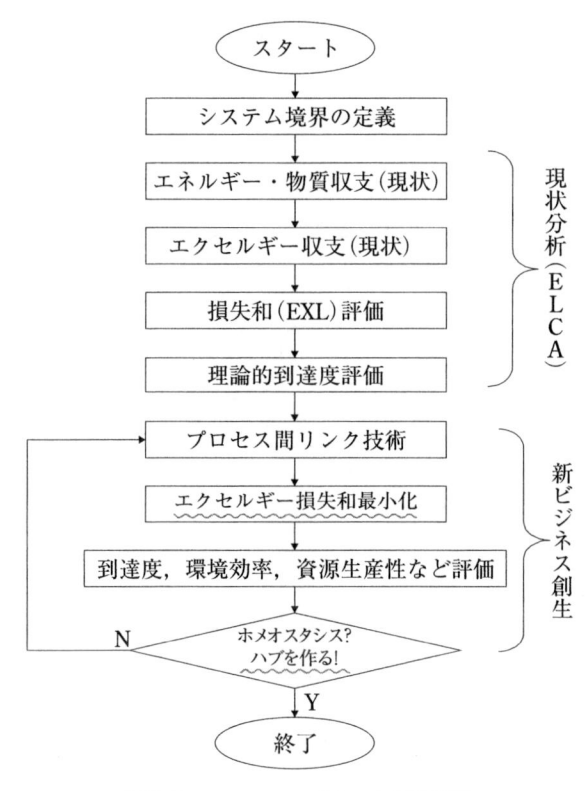

図 5.21　エコ・コンビナート設計手順

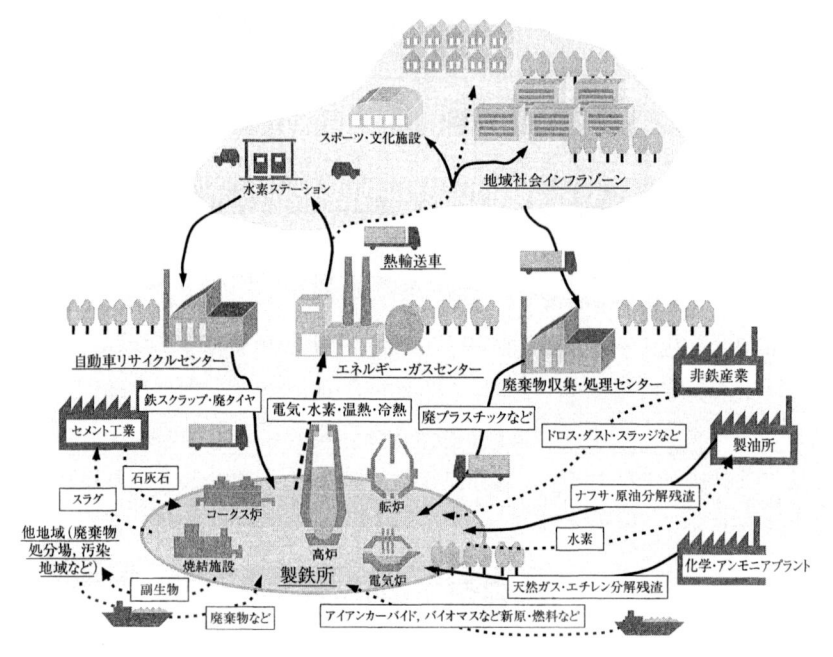

図 5.22 製鉄所をハブとするエコ・コンビナートの例

> **【コラム 34 LOHAS】**
>
> LOHAS = Lifestyles of Health and Sustainability（健康で持続可能なライフスタイル）の頭文字をとった略語で，健康を重視し，持続可能な社会生活を心がける生活スタイル「LOHAS（ロハス）」が米国で注目されている．消費生活アドバイザー大和田順子氏が日本でこんなレポートを 2002 年 9 月 21 日付日本経済新聞で紹介したのがきっかけとなり，最近ではしばしば目にするキーワードとなっている．アメリカの社会学者と心理学者が 1998 年に提唱したのが始まりで LOHAS 市場は下記の 5 つがある．
> 　1）持続可能な経済：省エネ商品，代替エネルギー，グリーン都市計画等
> 　2）健康的なライフスタイル：オーガニック・自然食品，サプリメント等
> 　3）ヘルスケア：自然治療，はり治療等
> 　4）自己啓発：ヨガ，フィットネス，能力開発等
> 　5）生活様式：環境配慮住宅，リフォーム，家庭用品等
> アメリカでは 6,800 万人以上，ヨーロッパでは 8,000 万人以上が LOHAS 消費者と言われている．図 5.23 は幸福感による人の分類を表す．本書では主として ECO な人，ロハスな人になるためのヒントを提供している．

図 5.23 幸福感による人の分類

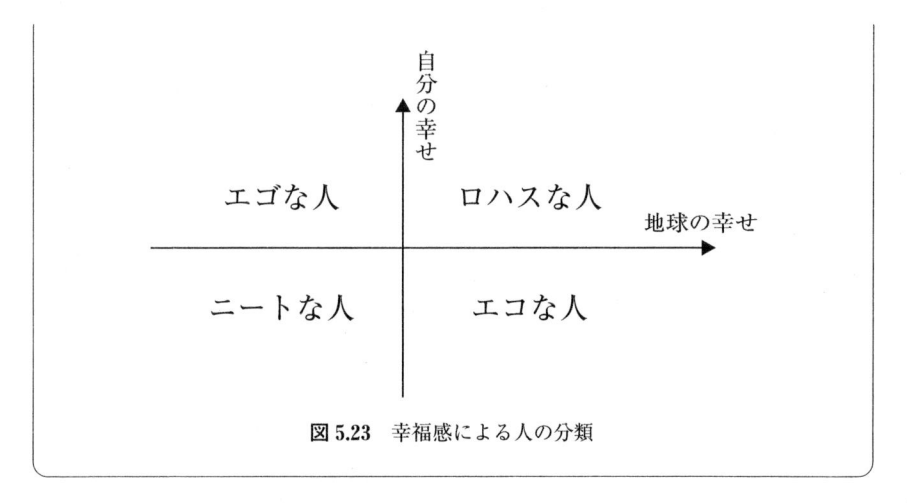

(象限: 自分の幸せ / 地球の幸せ — エゴな人, ロハスな人, ニートな人, エコな人)

る．そこでは，図 5.21 に示すエコ・コンビナート設計法に基づく方法が提案されている．今後はさらに具体的な方法論が示されるべきであろう．日本鉄鋼協会から提案されている製鉄所を中心とするエコ・コンビナートの例を図 5.22 に示して，この節を閉じる．

5.4 ネットワーク形成技術および関連事項

本節では，プロセス間リンクを促進するための主要な要素技術や関連事項をまとめる．

・カスケード利用（Cascade Utilization）

石油，石炭，天然ガスなどの化石燃料は空気の予熱を十分に行えば 2,000℃ 以上の高温の熱エネルギーを得ることができる極めて質の高いエネルギーである．一方，この化石燃料を消費する鉄鋼，セメント，化学，窯業・土石，紙・パルプ，民生などは必要とする温度レベルは大きく異なっている点に注目して多段階で熱利用し，少しでも廃熱を出さないで全体の利用効率を向上させること．すなわち，発生する廃熱を順次低温熱源を必要とする産業が回収する．一方，液化天然ガス（LNG）冷熱は輸送のため -160℃ の冷熱を有していることから同様に常温までの間の逆カスケード利用も可能である．

・コ・ジェネレーション（Cogeneration）

　発電とともに発生する廃熱を有効に活用する自家発電システムのこと．既存の火力発電所では発生した熱をそのまま環境中に排出してしまうので熱効率は40％程度に留まっている．それに対して，コ・ジェネレーションの場合は熱を回収するので見かけ上80％以上の熱効率を可能にする．回収した熱は給湯や暖房などに利用され，石油や天然ガスなどの一次エネルギーの消費を半分近くまで抑えることが可能である．ただし，この熱効率はエンタルピーに基づく量的評価法で，低温温水も過大に評価してしまう弊害もある．

・**余熱利用**（Utilization of waste heat）

　ごみ焼却時に発生する熱エネルギーは，年々増加傾向にある．1994年度の都市ゴミの発熱量は8,064 [kJ（1,920 [kcal]）/kg] で，1973年度の4,654 [kJ（1,108 [kcal]）/kg] と比較すると約2倍である．これはプラスチック容器やOA機器普及による紙類の増加が起因している．この未利用エネルギーは需用地が隣接する地域密着型であるため石油代替エネルギーとして魅力的である．そのため高効率燃焼技術，廃熱利用技術の開発による総合的なゴミ発電効率向上技術が追求されるとともに，余熱の利用先拡大が切望されている．余熱利用の形態は，発電，冷暖房，温水プールなど様々であり，その回収方法は水噴射式ガス冷却方法（温水あるいは低圧蒸気回収），ボイラ・水噴射併用方式（高圧蒸気回収）およびボイラ方式（高圧蒸気回収）に分類できる．

・**化学蓄熱**（Chemical heat storage）

　化学反応の反応熱を利用して熱貯蔵することが可能である．通常化学蓄熱は反応熱が大きい可逆化学反応を利用する．温度，圧力の反応条件を制御すればほぼ永久に廃熱は化学エネルギーの形態で貯蔵することができ熱損失なしに長距離輸送することができる．必要時に逆反応を生じさせることにより再び熱を得ることが可能となる．これまで固体媒体として金属水素化物，水和物，水酸化物，炭酸塩などが提案されている．これら化学蓄熱はその反応系の選択や反応器の構造等について現在研究開発段階にあり実用化が期待される．容易さの観点から顕熱利用型，潜熱利用型の次の世代と位置付けることができる．これ

ら熱回収・輸送技術を駆使した都市共生型製鉄所も提案されている．

・**季節間蓄熱**（Heat storage between seasons）
　夏と冬の平均温度差は大きく，特に盆地などの地域では20℃以上存在するが，有効利用しているとは言いがたい．この季節間の温度差に着目して数ヶ月蓄熱（冷）できれば，大幅な省エネルギーにつながる．そのため夏期廃熱を大深度地下利用による大規模温度差（顕熱）蓄熱により，付近住宅地の大量の冬期熱需要箇所に供給する動きがあり注目される．

・**顕熱蓄熱**（Sensible heat storage）
　温度差を利用して熱を貯蔵する顕熱利用型蓄熱は，他の潜熱利用型や化学反応利用型に比べ簡便で現在，実用化設備としては最も実績がある．熱量は質量×比熱×温度で与えられるため，比熱の大きい物質が高密度蓄熱の観点からは有利である．建物の地下二重スラブを利用した冷温水蓄熱が最も一般的な例としてあげられる．蓄熱材は蓄熱密度が大きく，取扱上，安全性が高く，且つ，コスト的にも安価なものほど実用化が容易であり，水やレンガ利用は既に実用段階にある．

・**省エネルギー**（Energy saving）
　エクセルギーの概念による省エネ活動の表現は明快で注目に値する．全ての物質は正のエクセルギー値を有し，環境状態，すなわち常温，常圧で酸化雰囲気と平衡になった時点でゼロとなる．多くの生産活動はエクセルギーの小さな「原料」から大きな「製品」を得ようとする行為である．第2法則の制約上システム内でエクセルギーは必ず減少するからエクセルギーの大きな資源を流入物質として投入しシステム内で下り傾斜をつける必要がある．その結果，廃棄物・廃熱が副生し，熱は最終的には冷却水加熱や大気放散する．古い省エネの考え方は，投入資源の減少とこの廃熱・廃物の回収が最重要であることを教えた．新しい省エネの考え方は，高温廃熱回収の重要性と，エクセルギーの内部傾斜が少ないシステム作りが重要であることを示唆する．そのためにはエクセルギー差が小さい物質の組み合わせによるマイルドなシステム設計が重要で，

そこでは「カスケード利用」と「プロセス間リンク」が有効である．前者は**第1種損失**，後者は**第2種損失**とも呼ばれる．

・**潜熱蓄熱**（Latent heat storage）
　相変化による融解熱または結晶転移熱を利用して蓄熱する方法．媒体として利用する相変化物質を **PCM**（Phase Change Material）と呼ぶ．最も手軽な蓄熱方法である顕熱利用型では水やレンガを加熱し温度差を利用して熱を回収する．この方法は熱力学第1法則から評価すると有効であるが，温度低下や蓄熱密度の観点からは問題がある．PCM を利用する場合，廃熱で加熱し融解熱として回収するので通常比熱の数10倍の密度で熱を蓄えることができ，加えて，融点一定温度での高いレベルでの熱回収が可能となる．このとき廃熱温度のごくわずか低い温度に融点を有する PCM を選択することにより，温度レベルを下げずに再利用することが可能となる．PCM としては単位体積当たり融解量が大きい物質，繰り返し安定性，価格，安全性，容器と不活性等から選ばれるべきで，現在中高温を対象に材料開発，プロセス開発段階にある．室温レベルではすでに氷蓄冷として実用化が進んでいる．そこでは安価な夜間電力を使用し氷を製造し，昼間の電力を節約している．

　100℃以下では酢酸ナトリウム水和物が有名である．ドイツから輸入した技術，**トランスヒート**と呼ばれるコンテナによる熱の宅急便が三機工業，栗本鉄工所，北海道大学エネルギー変換マテリアル研究センターら4社1大学で共同により実証試験が行われている．試験は三洋電機東京製作所で，ごみ処理工場などの廃熱を 20［km］以内で有効活用を試みる．配管設備が不要となるため，低コストで熱供給できる．さらに高温で潜熱量が大きい物質を開発することにより，吸収式冷凍機を回し冷熱を供給することも目指している．

・**氷蓄熱**（ice heat-storage）
　電力消費が少なく安価な夜間電力を用いて製氷し，それを解かして昼間冷房などに利用すること．氷水間の相変化熱を利用する潜熱蓄熱の一種である．物質的に安定で安価な水の潜熱は温度差が1℃の顕熱の約80倍もあることから高密度蓄熱が可能である．

5.4 ネットワーク形成技術および関連事項

・**未利用エネルギー**(Unused energy)

　未利用エネルギーとは都市内部における生活・業務・生産活動の結果として生じ，そのままか，あるいはほとんど有効に回収されることなく環境中に放出されている各種温度の熱エネルギー（廃熱），ならびに自然に豊富に存在するものでその活用が都市環境に生態学的に影響を与えないと思われる自然エネルギーを指す．

第5章　演習問題

5-1　製鉄所における最大の副生成物である1,500℃の溶融スラグは，未回収のまま残されている最後の大量高温廃熱源でもある．その量は，わが国で年間3,000万トンに達している．この溶融スラグからエネルギーを有効に回収するために，これを熱源として次に示す吸熱現象を生じさせる熱回収方法を想定した．
　①水蒸気の熱分解
　②石灰石の熱分解
　③炭素の炭酸ガスによるガス化
　④炭素の水蒸気ガス化（モル比1：1）
　⑤メタンの炭酸ガスによるガス化（モル比1：1）
　⑥メタンの水蒸気ガス化（モル比1：1）
　⑦メタンの水蒸気ガス化（モル比1：2）
　⑧プロパンの水蒸気ガス化（モル比1：3）
　⑨メタノール分解
　⑩冷水（398 K(25℃)）から300℃の水蒸気製造
　⑪冷水（398 K(25℃)）から80℃の温水製造

次の問いに答えよ．
1）上の1から9の反応式を記述した後，熱力学データを調べ298 KにおけるΔHとΔGを記せ．
2）1から9の反応式について，$\Delta G = 0$となりそれぞれの反応が生じる可能性がある温度を推定せよ．
3）1から9の各反応式について，エネルギーレベルAを計算せよ．
4）温度1,773 K（1,500℃）の排出スラグのエネルギーレベルAを計算せよ．
5）スラグ排熱は熱力学コンパスでどのように表せるか，記述せよ．ただし，以下の条件を仮定する．
　a）スラグ組成は4成分系 43% CaO-35% SiO_2-15% Al_2O_3-7% MgOである．
　b）スラグ比熱は59.7（J/K・mol）である．

c）熱回収対象のスラグのエンタルピーは 200 MJ とする．これは 2,271 mol あるいは 143.5 kg に相当する．
　　d）大気中への熱損失なしに理想的にスラグは熱交換し環境温度まで冷却する．このときの熱交換方式は問わない．
6）上の 1 から 11 の方法で熱回収するとき，熱力学コンパス上にベクトル表示せよ．各方法による熱回収が可能か評価せよ．また，可能な場合はそのエクセルギー損失量（MJ）を求めよ．
7）そのときのエクセルギー損失率（MJ/MJ-slag）および原料投入量（kg/kg-slag）を計算せよ．

5-2 ネットワークの定量的評価のための物差しである次の用語を説明せよ．
1）次数（Degree）
2）次数分布（Degree distribution）
3）スケールフリーネットワークとべき指数（Scale-free networks and the degree exponent）
4）最短パスと平均パス長さ（Shortest path and mean path length）
5）クラスター係数（Clustering coefficient）

5-3 ネットワークモデルとしてランダムネットワーク（Random network, RN：図中 A）とスケールフリーネットワーク（Scale-free network, SFN：図中 B）の他に，生体系ネットワークを理解するためにさらに階層化ネットワーク（Hierarchical network, HN：図中 C）が最近提案された．以下，図 a を参考にしてこれらの違いを考察せよ．

A　Random network　　　B　Scale-free network　　　C　Hierarchical network

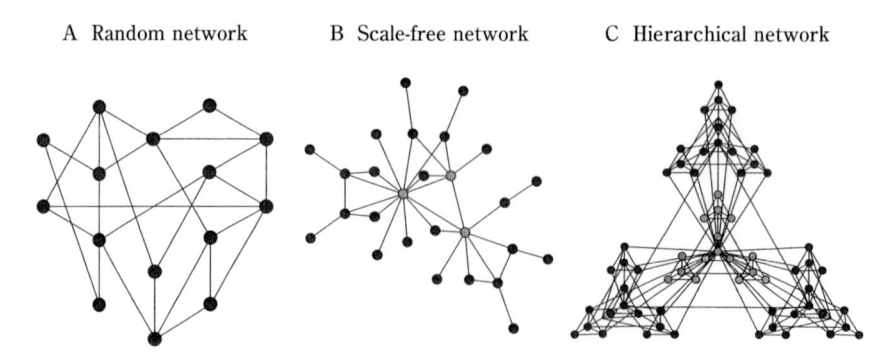

図a　各種ネットワークモデル
（A.-L.B.and Z.N. Oltvai, Nat. Rev. Gen.（2004）, p.101 より）

演習問題解答例

1 章

1-1 どちらも同じ. 図 1.3 参照. 使用したエネルギーは最終的にすべて熱に変換され, 分子の運動エネルギーの増加に転化される. 熱の発生量および分子の運動エネルギーの増加量のそれぞれの和は, どちらの場合も同じになる.

1-2 位置エネルギー＝熱エネルギーの式を解けばよい.

$n\&gh = n\&C_p\Delta T$ より $\Delta T = \dfrac{gh}{C_p} = \dfrac{9.8[\text{m/s}^2] \times 100[\text{m}]}{4.18[\text{kJ/kgK}]} = 0.23\ K(\Theta J = \text{Nm} = \text{kgm}^2/\text{s}^2)$

1-3 パソコンの消費電力は $16 \times 4 \times 10^{-3}$ [kW] なので,

$$\dfrac{1.2 \times 10^8 \times 0.1 \times (16 \times 4) \times 10^{-3}\ [\text{kW}]}{9.0 \times 10^5\ [\text{kW}]} = 0.85\ \text{基に相当する}.$$

1-4 $\Delta S = \dfrac{L}{T}$ をトルートン則 (Trouton's rule) という.

$$\dfrac{336\ [\text{J}]}{273\ [\text{K}]} = 1.23\ [\text{J/K}]$$

1-5 左辺＝m/s, 右辺＝[(m²)/(kg/ms)] [(kg/ms²)/m]＝m/s で一致している.

1-6 層流域では $A = 150\{(1-\varepsilon)^2/\varepsilon^3\}$, $c = 1$, 乱流域では $A = 1.75\{(1-\varepsilon)/\varepsilon^3\}$, $c = 0$ とおくことにより Ergun 式を次元解析の式により説明できる. 図 1-9 に示すように式中の係数 150 と 1.75 は多くのデータから得られた平均的な値であり, 他の値も報告されている. 真球でない場合は粒子径に形状係数を乗ずればよい.

1-7 $(\Delta pd/lu^2\rho)\{\varepsilon^3/(1-\varepsilon)\} = 150(1-\varepsilon)/\text{Re}+1.75$ より変形し $\Delta p = \{150(1-\varepsilon)/\text{Re}+1.75\}(lu^2\rho/d)\{(1-\varepsilon)/\varepsilon^3\}$ に代入すればよい.

$$\text{Re} = \dfrac{\rho u d_p}{\mu} = \dfrac{0.5/\pi 0.5^2\ [\text{kg/sm}^2]\ 0.01\ [\text{m}]}{1.8 \times 10^{-3}\ [\text{kg/ms}]} = 3.54\ [-],$$

$$\rho = \dfrac{29 \times 10^{-3}}{22.4 \times 10^{-3} \times (293/273)} = 1.21\ [\text{kg/m}^3]$$

$$u = \dfrac{0.5}{29 \times 10^{-3}} \times \dfrac{22.4 \times 10^{-3} \times (293/273)}{\pi 0.5^2} = 0.528\ [\text{m/s}]$$

$\Delta p = \{150(1-0.4)/3.54+1.75\}(5 \times 0.528^2 \times 1.21/0.01)\{(1-0.4)/0.4^3\}$
　$= 27.173 \times 168.7 \times 9.375 = 43.0\ [\text{kPa}]$

密度 ρ と線速度 u は個別に計算するときは温度圧力補正する必要があるが, 両者の積 ρu (質量速度 G, kg/s) はその影響が相殺されるため, 補正の必要がなくなることに注意しよう. 充填層における Re 数には粒子基準と管径基準の2つの場合がある.

1-8 NSP キルンは従来の SP キルンの熱交換性の高さを生かし, SP とキルンとの間にさらに補助燃焼炉 (仮焼炉) を設けている点が特徴である. ここでは 900℃ 程度で生じる

石灰石の熱分解を，1,400℃のキルンで直接行うのではなく，低温側に移動することにより省エネルギーをはかっている．原料の焼成度を高めてからキルンに供給するため，その焼成能力はSPキルンの約2倍に増加可能である．

石炭を燃焼させて石灰石 $CaCO_3$ を熱分解した後，SiO_2，Al_2O_3 などと反応させ $2CaO・SiO_2$，$3CaO・SiO_2$，$2CaO・Al_2O_3$ などの化合物で構成されるクリンカーを得る．表に示したように最近の操業では石灰石，鉄鉱石など従来の原料の他，古タイヤ，フライアッシュ，肉骨粉，スラッジなどの廃棄物を原燃料として受け入れていることが特徴である．

本条件での物質収支をとると，表1.2のようになる．

各元素の収支が十分に取れていることが確認できる．このように高精度に一致させるためには製造原理や測定精度およびその変動幅などを十分に認識した上で確度の低いデータの補正を行う必要がある．通常はエクセルなどの表計算ソフトを使用して流入，流出量が多い元素から順に0.1%以内に収まるように決定していく．

1-9 セメントキルンに対する場合と同様に，主要元素の収支が数%以内に収まっていることを確認すればよい（下表を参照）．

表　コークス炉の物質収支計算例

INPUT																差	誤差率(%)
C	1208														1207.6		
H		81.41							10.8						92.2		
N			22.866												22.9		
S				5.284											5.3		
O					32.59	35.59	15.33	2.422	3.04	0.93	0.012	86.38			176.3		
Si						31.23									31.2		
Al							17.24								17.2		
Fe								5.636							5.6		
Ca									7.615						7.6		
Mg										1.412					1.4		
Mn											0.04				0.04		
															1567.4		
OUTPUT																	
C	1069											87.429	25.257	7.1239	14.248	3.2381	1206.7	0.9	0.1
H		23.3							6.046	31.14		29.143			2.3746	0.8095	92.8	-0.6	-0.7
N			4.9612									18.133					23.1	-0.2	-1.0
S				5.385													5.4	-0.1	-1.9
O					15.52	35.64	15.36	2.421	3.012	0.933	0.015	48.37		1.727		33.676	18.997	175.7	0.6	0.4
Si						31.28										31.3	0.0	-0.2
Al							17.37									17.3	0.0	-0.2
Fe								5.632								5.6	0.0	0.1
Ca									7.544							7.5	0.1	0.9
Mg										1.417						1.4	0.0	-0.4
Mn											0.051					0.05	0.0	-26.2
																1566.9		

【解答補足】 コークス炉では石炭を1,000～1,200℃で間接的に加熱し，乾留することによりコークスを製造する．乾留とは大量の有機物を含む物質を酸素遮断条件で加熱し，熱分解や蒸発によって固体，液体，ガス等に分離することである．燃焼室の燃料は通常石炭を乾留する際に発生するコークス炉ガス（Cガス，COG）を使用する．炉は炭化室と燃焼室を交互に配置し，石炭を炭化室に装入し，隣接する燃焼室から炉壁レンガを通して両側から加熱，乾留することによりコークスを製造する．乾留後コークスは押出機により炉外へ排出され，消火，冷却される．石炭中の揮発分は，ガス化

し，ガス精製過程を経てコークス炉ガス，タール等として回収，利用される．この操業条件では石炭からコークスが得られる割合は 1,088/1,587 = 68.5%であり，残りはCガス，タール他となる．炭化室からは 1,000℃程度の赤熱コークスが排出される．これを窒素などの不活性ガスで冷却し，回収熱を発電などに利用するための装置が付随している．

2 章

2-1 各活動の流入，流出物質を確認した後，エクセルギーフローの模式図を書くことができればよい．さらに正確な操業データを入手しその損失大きさを計算できれば，理論値と比較しその内訳を評価し適切な対策を講じることが可能になる．

　1),2) では原料自身が燃料にもなっている特殊な生産活動となっている．特に加熱炉では燃焼を伴い温度を大きく低下させる熱交換を行うため大きなエクセルギー損失を伴っている．この部分を他の高温プロセス排熱と組み合わせることにより損失改善が可能となる．

　3) 自動車の内燃機関の効率はガソリンエンジンで 10～20%，ディーゼルエンジンで 20～35%程度である．都市部で信号待ちが多くアイドリング状態が長引くとさらに数パーセント低下すると言われている．1),2),3) で廃棄物はいずれも廃ガス（CO_2，水蒸気）が主体である．

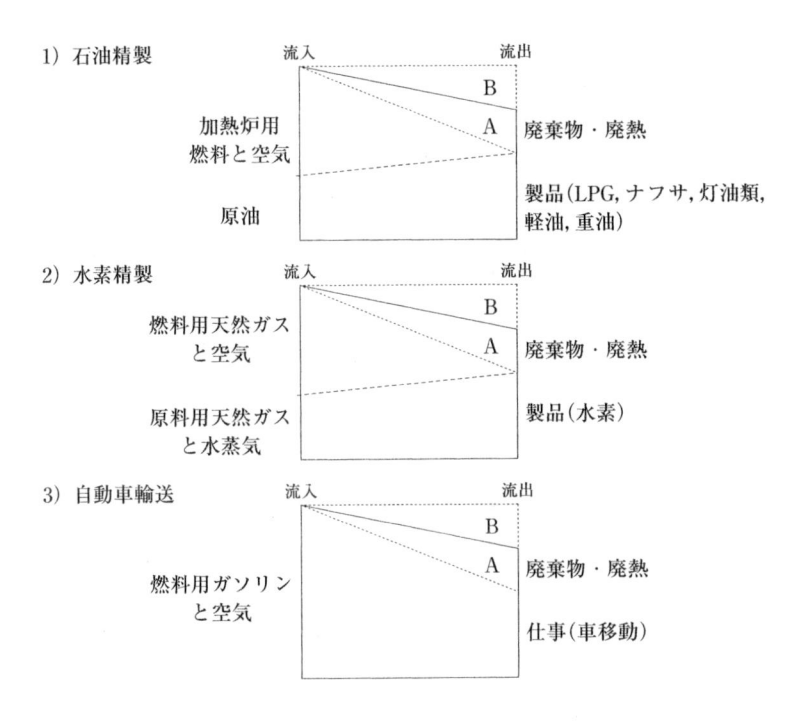

1) 石油精製

流入	流出
加熱炉用燃料と空気	B A 廃棄物・廃熱
原油	製品(LPG, ナフサ, 灯油類, 軽油, 重油)

2) 水素精製

流入	流出
燃料用天然ガスと空気	B A 廃棄物・廃熱
原料用天然ガスと水蒸気	製品(水素)

3) 自動車輸送

流入	流出
燃料用ガソリンと空気	B A 廃棄物・廃熱 仕事(車移動)

2-2 エネルギーがシステム境界を出入りすることになり，熱力学第1法則が成立しなくなるため．

2-3 1) 衣類の乾燥機．バッチ操作も定常流れ系として捉え記述する．

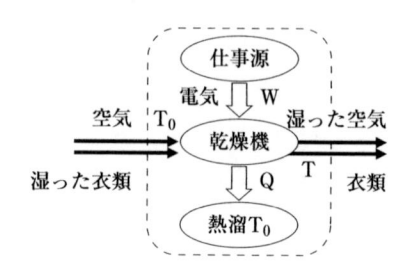

2) 蛍光灯．電気から光への変換効率は白熱球 1%，蛍光灯 10% といわれている．それ以外は全て直接熱となっている．物質の流入出はない．

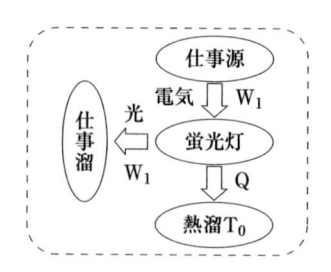

蛍の光エネルギーの効率は 97〜8% で放熱を伴わない冷光と言われる．蛍の光は波長 500〜600 nm で，その原理は次の通りである．

ルシフェリン（発光物質）+ATP+O^{2-}　（ルシフェラーゼ；酵素）
→オキシルシフェリン+CO_2+ATP（アデノシン3リン酸）+AMP（アデノシン1リン酸）+光

3) 電気掃除機

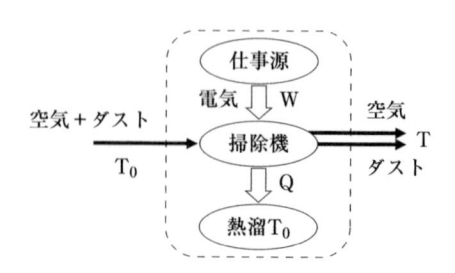

4) 内燃機関，5) 火力発電所は同じ表示が可能．さらにコジェネの場合など考えてみよ．

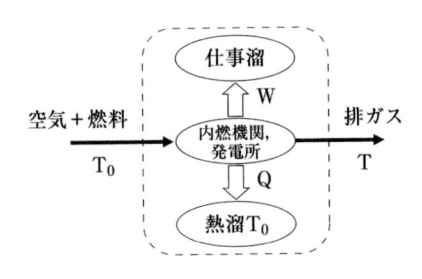

```
   空気＋燃料 ┌──────────┐ 排ガス
   ─────────→│ 仕事溜   │─────────→
        T₀   │   ↑ W    │    T
             │ 内燃機関，│
             │  発電所  │
             │   ↓ Q    │
             │ 熱溜 T₀  │
             └──────────┘
```

2-4 熱力学コンパスは $(\Delta H, \Delta \varepsilon)$ であるから，その傾き A は $\Delta \varepsilon / \Delta H$ に等しい．

$$A = \frac{\Delta \varepsilon}{\Delta H} = \frac{\Delta H - T_0 \Delta S}{\Delta H} = \frac{Q - T_0 \left(\dfrac{Q}{T}\right)}{Q} = \frac{T - T_0}{T}$$

3 章

3-1

〈ソフトセパレーションの例〉
- ふるいを使って，花壇や畑の土から小石を取り除く操作．
- 紙製などのフィルターを使用して，コーヒー豆から飲料コーヒーを抽出する操作．
- サイクロン型の掃除機で，ほこりやゴミを吸い取る操作．

〈ハードセパレーションの例〉
- 太陽熱やその他の熱エネルギーを使用して，海水から水を揮発除去し，食塩を析出分離させる操作．
- 熱エネルギーを使用して，米，麦，芋などの発酵によりできた「もろみ」を蒸留し，焼酎を製造する操作．
- 豆乳中に苦汁（にがり）を加えて水溶性たんぱく質を凝固させ，豆腐を作る操作．

3-2

$$u_t = (\rho_p - \rho) d_p^2 g / 18\mu \quad (\mathrm{Re}_p < 2) \tag{3.6}$$

$$\mathrm{Re}_p = d_p u \rho / \mu \tag{3.2}$$

より，粒径 0.1 [mm] の場合は，

$u_t = (2700 - 1000) \times 0.0001^2 \times 9.8 / (18 \times 0.001) = 0.0093$ [m/s]

$\mathrm{Re}_p = 0.0001 \times 0.0093 \times 1000 / 0.001 = 0.93$

また，粒径 20 [μm] の場合は同様に

$u_t = 0.00037$ [m/s], $\mathrm{Re}_p = 0.037$

3-3 各集じん操作の典型的な捕集性能は以下のようになる．

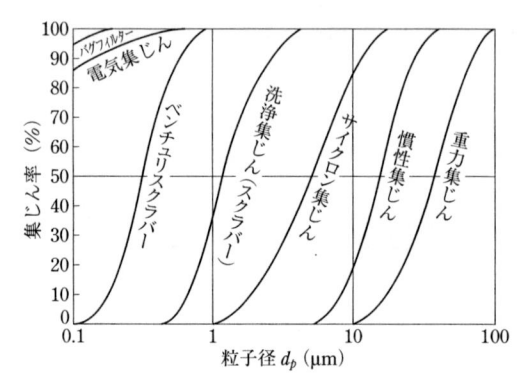

図 各種集じん操作の捕集性能

3-4 例えば，下図のようになる．紙やプラスチックフィルムなど，シート状のものは，目づまりなどで他の物質のふるい目の障害となるため，ふるい操作による選別は不適当である．実際の廃棄物はさらに粒径範囲が細粒側に広がり，複合化しているため，さらに高度な分離処理が必要となる．

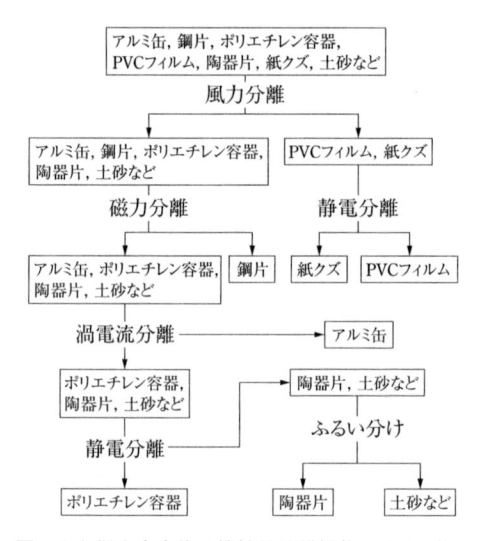

図 上記混合廃棄物の機械的分離操作の流れ（例）

3-5 図 (a) に示すように，いずれの産業においても 1973 年を基準としたエネルギー原単位は低減されている．特に化学工業，製紙業などでの 2002 年までの省エネルギー達成率は，50%に迫る．一方，図 (b) に示した 1 世帯当たりのエネルギー消費量は，同じ 1973 年基準で 2002 年には逆に 53%の増加となっている．核家族化による世帯当たりの人数の減少を考慮すると，この傾向はさらに顕著になり，さらに，自家用車の普

及による輸送エネルギーの増加もあり，民生部門でのエネルギー消費量増加が日本全体のエネルギー消費に及ぼす影響は極めて大きくなっている．

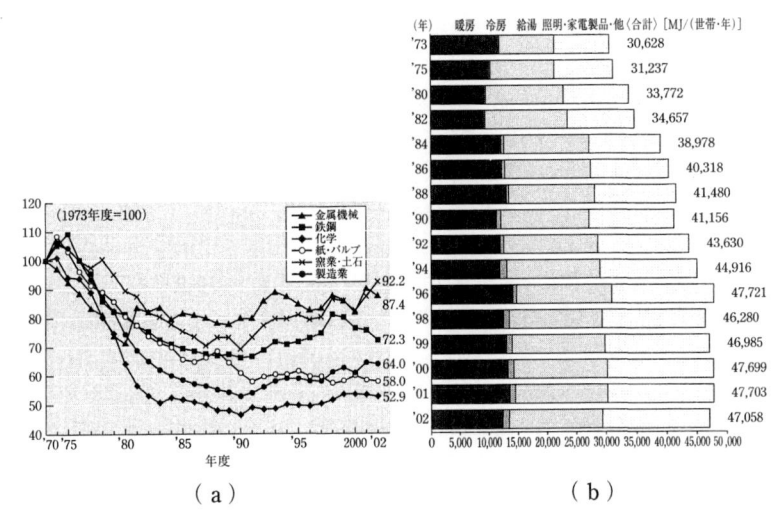

(a)

(b)

図 業種別エネルギー消費原単位の推移(a)と1世帯当たりの用途別エネルギー消費量(b)

3-6 鉄鉱石（酸化鉄）の還元では，高炉（溶鉱炉）中部から下部においても，(1) 式に示すCOガスによる還元反応が重要である．しかし，生成したCOガスは，(2) 式の反応によって再びCOガスとなり，還元反応に加わる．これらの反応をあわせると，(3) 式のようにFeOが固体Cによって還元される反応と考えることができる．この反応に伴うエンタルピー変化（ΔH）は，Fe 1 [mol] 当たり152 [kJ/mol] であり，大きな吸熱となる．なお，鉄鉱石の主たる成分であるヘマタイト（hematite, Fe_2O_3）が，COガスによりFeOまで還元される反応（(4)式）のエンタルピー変化は，Fe 1 [mol] 当たり-1.2 [kJ/mol] であり，微量の発熱反応である．

一方，銅精鉱に含まれるCu_2SとO_2の反応により，Cuが生成するとき（3.25式）のエンタルピー変化（ΔH）は，Cu 1 [mol] 当たり-108 [kJ/mol] と負の値をとる．これは，製錬時に大きな熱発生が起こることを意味しており，還元反応に莫大なエネルギーを要する製鉄と異なっている．

単純に，Fe_2O_3およびCu_2Sをそれぞれ金属まで単純に分解する反応（(5)および(7)式）のエンタルピー変化を比較しても，Feの生成反応に必要なエネルギーが大きいことがわかる．ただし，CuOからのCu生成に要するエネルギーはかなり大きくなる．

なお，これらはそれぞれの金属原子1 [mol] 当たりの比較であるが，原子量（Fe：55.8，Cu：63.5）の違いを考慮しても上記の比較には顕著な影響を与えない．ただし，目的金属以外の不純物成分（脈石）濃度によっては，これらの溶融・分離に必要なエネルギーが大きくなるため，製錬全体の所要エネルギーに影響してくるケースも存在

する．

$$FeO + CO \rightarrow Fe + CO_2 \ (\Delta H_{1200K} = -17 \ [kJ/mol]) \tag{1}$$

$$CO_2 + C \rightarrow 2CO \ (\Delta H_{1200K} = 169 \ [kJ/mol]) \tag{2}$$

$$FeO + C \rightarrow FeO + CO \quad (\Delta H_{1200K} = 152 \ [kJ/mol]) \tag{3}$$

$$1/2 \ Fe_2O_3 + 1/2 \ CO \rightarrow FeO + 1/2 \ CO_2 \ (\Delta H_{1200K} = -1.2 \ [kJ/mol]) \tag{4}$$

$$1/2 \ Fe_2O_3 \rightarrow Fe + 3/2 \ O_2 \ (\Delta H_{1200K} = 404 \ [kJ/mol]) \tag{5}$$

$$1/2 \ Cu_2S + 1/2 \ O_2 \rightarrow Cu + SO_2 \ (\Delta H_{1200K} = -108 \ [kJ/mol]) \tag{4.25}$$

$$1/2 \ Cu_2S \rightarrow Cu + 1/2 \ S \ (\Delta H_{1200K} = 46 \ [kJ/mol]) \tag{6}$$

$$CuO \rightarrow Cu + 1/2 \ O_2 \ (\Delta H_{1200K} = 149 \ [kJ/mol]) \tag{7}$$

注：上記のエンタルピー変化（ΔH_{1200K}）は，1,200 [K] における推算値である．エンタルピー変化量はあまり温度に依存しないため，上記の比較はかなりの温度範囲で有効である．

3-7 コークスなどの炭材を還元材とする金属の製錬反応は，金属酸化物と比較して炭素の酸化物である CO や CO_2 の安定性が勝る場合に成立する．例えば，900℃を超える高温での酸化鉄の典型的な反応は，

$$FeO + C \rightarrow Fe + CO \tag{1}$$

$$FeO + CO \rightarrow Fe + CO_2 \tag{2}$$

であり，FeO と比較して CO や CO_2 が安定であることから，反応は進行可能である．

化合物の安定性は，標準自由エネルギー（ΔG^0）で比較することができる．右図は温度と酸化物の標準自由エネルギーと温度の関係を示したものであるが，FeO（図中の(a)線）に比較して，炭素から生成する CO（図中の(f)線）や CO_2（図中の(g)線）の方が 750℃程度以上の高温における ΔG^0 が小さく，安定である．

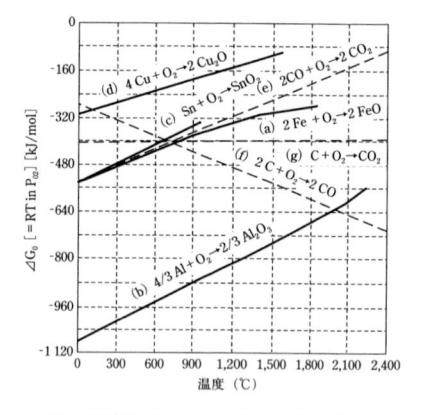

図　標準自由エネルギー・温度線図

一方，CO（図中の(f)線）が酸化アルミニウム（Al_2O_3，図中の(b)線）より安定となる温度域は，図より 2,000℃程度以上の高温であることがわかる．このような高温状態を維持することは，全く不可能ではないが，工業プロセスとして確立するためには極めて困難である．

【補足説明】 $Al_2O_3 - Al_4C_3$ 系については，高温での状態図が報告されており，Al_2OC や Al_4O_4C といったオキシ炭化物の生成と 1,840℃以上でこれらの均一融体を形成する領域が示されている．しかし，炭素を還元材として最終的に金属 Al を得るための条件は，上述の平衡から推定されるものと同一であり，2,000℃程度以上の温度が不可欠である．

4 章

4-1 人類が利用可能な地下資源は，地球の高々 0.4 [mass%]（あるいは 0.8 [vol%]）に過ぎない地殻表層部に存在する物質のそのまたごく一部であるが，その中に存在する各元素量は膨大であり，量的にはほぼ無尽蔵と言ってよい．ただし，人類が現状で使用可能な資源量は限られており，鉱物資源の中では静的耐用年数（確認埋蔵量を年間使用量で割ったもの）が 30 年程度以下とされるものも少なくない．しかしながら，オイルショック以降の石油資源にみられるように，静的耐用年数は需給バランス等に基づく価格変化と生産技術進歩に関連して変化しており，単純減少していくわけではない．国際的な資源偏在に伴う問題を除けば，むしろ近未来的には悲観的要素が少ないといえる．では，リサイクル推進の真の駆動力は何であろうか．以下に整理してみる．

- エネルギー資源の枯渇：上述したように，石油資源の静的耐用年数は急激な減少傾向を示していない．石炭や天然ガスなどを含めた化石燃料資源量は 100 年を超える静的耐用年数があり，それらの消費に伴う環境問題の懸念に比較して重要度は小さい可能性が大きい．
- 最終処分場の不足：最終処分場の新設は近年，極めて難しくなっており，現存する処分場の残余容量が小さい地域も少なくない．したがって，地域性はあるものの，最終処分場の不足がリサイクルの大きな駆動力になり得ると考えられる．
- 環境問題：地球環境問題の中でリサイクルに直接関連する可能性があるのが地球温暖化現象（2.3 を参照）である．リサイクルすることによって，同一素材を鉱石などの 1 次資源（地下資源）から製造する場合より，温室効果ガスの発生量を減少させることができれば，有意と言える．廃棄物焼却に伴うダイオキシン類発生（コラム：ダイオキシンの生成ルートを参照）も社会的インパクトの強い問題であり，環境へのダイオキシン類発生量減少につながるリサイクル技術の確立も望まれている．
- 経済的理由：昔から，鉄，銅，アルミニウム等の金属スクラップ，古紙，鉛バッテリー等のリサイクルは行われており，工場内あるいは産業間においてもスクラップやダスト類のリサイクル例は数多い．これらは，経済的に有利であるために行われてきたものである．現状で行われていないリサイクルは，コスト上昇が避けられないものが多い．各種のリサイクル法や，北欧などで導入，検討されている環境税（炭素税）等の適用で，リサイクルのコスト基準は大きく変化する．

以上のように，我が国の現状からみたリサイクルの必要性は，最終処分場の残余年数延長，環境問題への対応，製品コスト低減に対応するためと考えることができ，それらを総合的に考慮したシステム構築が重要である．リサイクルを無理やり導入した結果，環境負荷が増大し，逆に廃棄物量が増加することは絶対に避けなければならないのは言うまでもない．

4-2 酸化物の安定性は，標準自由エネルギー（ΔG^0）で比較することができる．演習問題 3-7 の解答図に示したように，Al_2O_3（図中の (b) 線）は FeO（図中の (e) 線）より安定であるため，Al は酸化される．一方，SnO_2 や Cu_2O は FeO より不安定であるため，Sn，Cu の金属状態のまま溶鋼中に留まりやすい．

4-3 環境省によれば，2001年の一般廃棄物の発生量は5,210万トンである．その約7割が焼却されるとすれば，3,650万トンとなる．廃棄物1トン当たりの燃焼エネルギー（発熱量）の平均値を10 [GJ] 程度とすれば，全量を焼却した際に発生する熱量は，

$$10 \text{ [GJ]} \times 36{,}500{,}000 = 3.65 \times 10^{17} \text{ [J]} = 365 \text{ [PJ]}*$$

となる．

一方，我が国の総エネルギー使用量（一次エネルギー供給量）は，約22 [EJ]* と見積もられており，一般廃棄物の焼却に伴う熱エネルギー発生量はその約1.7%となる．また，廃棄物焼却時の発電効率は年々向上しているものの，未だ20%を超えることは難しく，今後の技術改善を考慮しても40%を超えることは至難の技であろう．

したがって，発電によって一般廃棄物のエネルギー回収を行う場合の，総エネルギー使用量に対する割合の最大値は，0.3%～0.7%程度と見積もられる．確かに小さくはない値であるが，インパクトはそれほど大きいは言えないのではないか．

5 章

5-1 1)～3)

次表に上記反応のエンタルピー変化 ΔH，エクセルギー変化 $\Delta \varepsilon$，標準状態下での反応可能最低温度 $T_{\Delta G=0}$，およびエネルギーレベル $A(=(T-T_0)/T)$ を示す．

表a 各反応に対するエンタルピー変化 ΔH，エクセルギー変化 $\Delta \varepsilon$，反応可能最低温度 $T_{\Delta G=0}$ およびエネルギーレベル A の計算値

No.	Reaction	Enthalpy ΔH[kJ]	Exergy $\Delta \varepsilon$ [kJ]	$T_{\Delta G=0}$ [K]	$A(=\Delta\varepsilon/\Delta H)$ [-]
1	$H_2O \to 0.5O_2 + H_2$	242	229	5,400	0.945
2	$CaCO_3 \to CaO + CO_2$	178	130	1,110	0.731
3	$C + CO_2 \to 2CO$	172	122	1,020	0.708
4	$C + H_2O \to CO + H_2$	131	91	982	0.694
5	$CH_4 + CO_2 \to 2CO + 2H_2$	247	171	964	0.691
6	$CH_4 + H_2O \to CO + 3H_2$	206	142	960	0.689
7	$CH_4 + 2H_2O \to CO_2 + 4H_2$	165	114	957	0.688
8	$C_3H_8 + 3H_2O \to 3CO + 7H_2$	498	298	742	0.598
9	$CH_3OH \to CO + 2H_2$	90	25	410	0.278

表中の全ての反応は比較的大きな吸熱反応でその吸熱現象でスラグの熱を化学的に回収することができる．換言するならば，スラグの熱を利用してこれら吸熱反応を進行させることができる．表中の2式はセメント製造，3, 4式は石炭ガス化，5～8式は

---

*P (peta, ペタ) および E (exa, エクサ) は，それぞれ10の15乗（10^{15}），10の18乗（10^{18}）を表す単位接頭語で，1 [PJ] は 1×10^{15} [J]，1 [EJ] は 1×10^{18} [J] の熱量である（付表 I-3 を参照）．

化学工業，直接製鉄等で重要な天然ガス改質反応である．水分解による水素製造1式，メタノール分解反応9式は水素製造，利用における注目されている反応である．特に可逆反応である9式はエコ・タウン構想のエネルギー輸送にも提案されている．スラグ冷却を「目的プロセス」とすると，これら各々の式はシステム設計において，「組合せプロセス」としての役割を担う．

4) エネルギーレベルの定義より，1,500℃のスラグでは A = 0.846 となる．

5), 6)

上の表に示したエネルギーレベル A から傾きが与えられるので，第1法則の制約により組合せプロセスのベクトル横軸長さは決まりベクトルを描くことができる．また，2つのプロセスからなるシステムを評価し，次の3つの知見を得ることができる．

ⅰ．システム成立の可能性

システム成立条件：

$$\Sigma \Delta H = 0 \quad (熱力学第一法則) \tag{A}$$

$$\Sigma \Delta \varepsilon \leq 0 \quad (熱力学第二法則) \tag{B}$$

ⅱ．システム成立時のエクセルギー損失量

ⅲ．原料および生成物の物質量

例として，表a中の反応式2からなるシステム評価のための熱力学コンパスを想定する．傾き 0.731 を持つベクトル①は式（A）の制約から水平方向の長さはベクトル②と同じとなるように描くと，結果として合成ベクトルは Y 軸上の下向きに出現する．これは式（B）で示す熱力学第2法則を満足しており，本条件下ではこのシステムは成立すると結論することが出来る．この時ベクトルの長さはエクセルギー損失量（EXL）を表している．組合せプロセスとして，この場合の EXL は －20 MJ（図a を

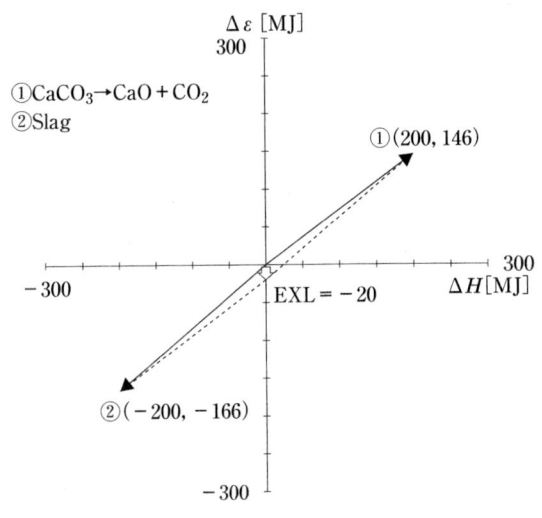

図a 熱力学コンパスによるスラグ熱回収システム解析（反応式2の場合）

参照),反応式3の場合は-24 MJ, 反応式4～7の場合は-28 MJとなる.これら組合せプロセスは目的プロセスと傾きが非常に近いため,結果として比較的小さなエクセルギー損失量となる.

　プロパン水蒸気改質(反応式8),メタノール分解反応(反応式9)の場合,反応温度が低いためエクセルギー損失は比較的大きい.逆に,スラグの傾き0.846より大きい傾き0.945を持つ水の熱分解(反応式1)では合成ベクトルはY軸上向きとなるためシステムは成立しない.水の熱分解は理論的には5,000 K以上の熱が必要であり,この結果は合理的である.

　一方,水蒸気および温水による熱回収に関するベクトルの傾きは$(T-T_0)/T$から容易に計算できるので,温水製造による熱回収(11)に関しては図bを得る.図中の合成矢印はEXLを表示しており,-135 MJとなる.同様な方法で水蒸気生成による熱回収(10)の場合は-84 MJとなる.上述した化学的熱回収法に比較してこれらのEXLは大きい.EXLを減少させるためには,目的プロセスと組合せプロセスの傾きの差が小さくなるようにできるだけシステムをマイルドに設計すべきであることを示唆している.

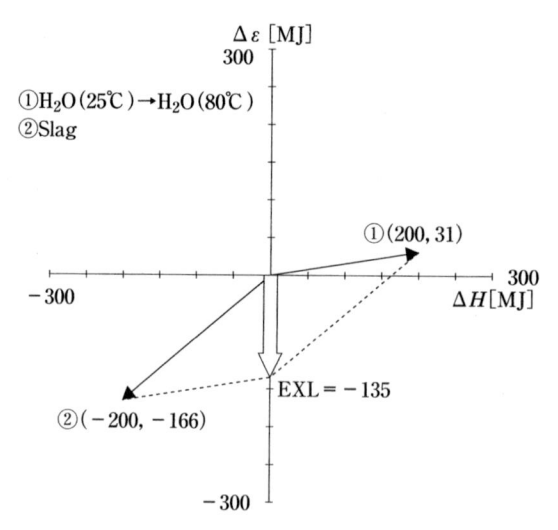

図b 温水発生を組合せたときの熱力学コンパスによるスラグ熱回収システム解析

7) 解答例を表bにまとめて示す.

表b 溶融スラグ顕熱回収時の理論的エクセルギー損失率と原料投入量

No.	Reaction	EXL(MJ)	$\dfrac{EXL}{H_{slag}}$(MJ/MJ)	W_r^* (kg)	$\dfrac{W_r}{W_{slag}}$(kg/kg)
1	$H_2O \rightarrow 0.5O_2 + H_2$	impossible	—	none	—
2	$CaCO_3 \rightarrow CaO + CO_2$	20	0.1	112.4	0.783
3	$C + CO_2 \rightarrow 2CO$	24	0.12	13.9	0.097
4	$C + H_2O \rightarrow CO + H_2$	28	0.14	18.3	0.128
5	$CH_4 + CO_2 \rightarrow 2CO + 2H_2$	28	0.14	11.3	0.079
6	$CH_4 + H_2O \rightarrow CO + 3H_2$	28	0.14	13.6	0.095
7	$CH_4 + 2H_2O \rightarrow CO_2 + 4H_2$	28	0.14	17	0.118
8	$C_3H_8 + 3H_2O \rightarrow 3CO + 7H_2$	46	0.23	17.7	0.123
9	$CH_3OH \rightarrow CO + 2H_2$	110	0.55	71.1	0.495
10	$H_2O(l)(25℃) \rightarrow H_2O(g)(300℃)$	84	0.42	67	0.467
11	$H_2O(25℃) \rightarrow H_2O(80℃)$	135	0.675	865.8	6.033

＊アンダーラインの反応物の投入量
(参考：T. Akiyama, K. Oikawa, T. Shimada, E. Kasai and J. Yagi, ISIJ International, 40/3 (2000), pp.285-290)

5-2 　1) 次数（Degree）：最も基礎的なネットワークの評価指標．着目するノードから他のノードまで何回のリンクを必要とするか教える．連結係数ともいう．ノードN，リンクLのネットワークの平均次数は$\langle k \rangle = 2L/N$で計算できる．次図に示す方向性ネットワークでは流入，流出をk_{in}，k_{out}で区別してリンク数を表現することもある．

　2) 次数分布（Degree distribution）：$P(k)$とはk個のリンクを持っている確率のこと．$P(k)$はノード数$N(k)(k = 1, 2…)$を全ノード数で除することにより得られる．この指標はネットワークの分類分けに役立つ．ランダムネットワークでは次数分布はピークを持ち，ハブとして知られる高密度に連結されるノードがないことを示す．逆に，べき法則に従う次数分布は少数のハブが巨大な数の小さいノードを支配している．

　3) スケールフリーネットワークとべき指数（Scale-free networks and the degree exponent）：多くの生体系ネットワークではスケールフリー特性を示し，べき法則に，$P(k) \sim k - \gamma$，に従う．ここでγはべき指数で，〜は比例を意味する．γ値はシステムの多くの特性を決定づける．γ値が小さければ小さいほど，ネットワークのハブの役割はより重要となる．$\gamma > 3$の時ハブは重要ではなく，$2 < \lambda < 3$のときハブはヒエラルキー（階層）を持ち，$\lambda = 2$の時ハブ-スポークのネットワーク（hub-and-spoke network）が出現する．スケールフリーネットワークの特異な特徴は$\lambda < 3$のときのみ現れ，$\sigma^2 = \langle k^2 \rangle - \langle k \rangle^2$で定義できる$P(k)$の分散はノードの数に伴って増加する．この時偶発的なノード破壊に対する高い頑強性（ローバスト性）などの予期せぬ一連の結果が出現する．逆に$\lambda > 3$のときは多くの観点でランダムとスケールフリーネッ

a Undirected network

$\kappa = 5$

b Directed network

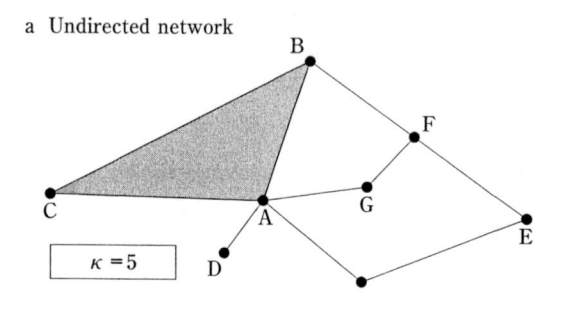

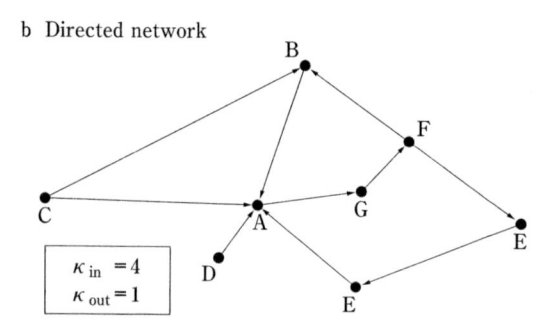

$\kappa_{in} = 4$
$\kappa_{out} = 1$

図 無方向性（Undirected）ネットワーク a と方向性（Directed）ネットワーク b
(A.-L.B.and Z.N. Oltvai, Nat. Rev. Gen. (2004), p.101 より)

トワークは類似してくる．

4）最短パスと平均パス長さ（Shortest path and mean path length）：2つのノードを結ぶのに必要なリンク数，すなわちパス長さでネットワークの距離を知ることができる．2つのノードを結ぶには多くのパスが存在するので，最短のパスは特別な役割を持つ．方向性ネットワークではAからBへの距離 l_{AB} とBからAへの距離 l_{BA} はしばしば異なる．例えば図 b では，$l_{BA} = 1$ だが $l_{AB} = 3$ となる．またパスが存在しない場合もある．CからAへのパスは存在するが，AからCへのパスはない．平均パス長さ $\langle l \rangle$ はノードの全ての組の最短パスの平均を意味し，ネットワークの総括の航行可能性（navigability）の指標となる．

5）クラスター係数（Clustering coefficient）：クラスターとはブドウの房のような塊のこと．ノードが k 個あるネットワークにおいて，ノード I がリンク数 n_I 個を持つとき，クラスター係数は $C_I = 2n_I/k(k-1)$ で計算できる．多くのネットワークにおいて，ノードAとノードBが連結し，かつノードBとノードCが連結する時，高い確率でノードAはまたノードCと連結している．このような現象を定量的に評価する一つの手段である．平均クラスター係数 $\langle C \rangle$ はクラスターを形成する傾向を特徴づける．ネットワーク構造の重要な指標は関数 $C(k)$ であり，リンク k を持つ全てのノードの平均クラスター係数として定義される．多くの実際のネットワークにおいては

$C(k)\sim k^{-1}$ の関係があり，この時ヒエラルキー（階層化）特性を有している．平均次数$\langle k \rangle$，平均パス長さ$\langle l \rangle$と平均クラスター係数$\langle C \rangle$はネットワークのノードとリンク数（NとL）に依存する．一方，関数$P(k)$と$C(k)$はネットワークの大きさと無関係である．

5-3 kと$P(k)$，kと$C(k)$の関係をプロットするとその差が明確になる．SFNとHNはいずれもべき法則にのるが，クラスター係数$C(k)$の分布をみると明らかに異なっている．すなわちHNでは$C(k)\sim k^{-1}$の関係があるが，SFNではkに依存せず$C(k)$は一定となる．このモデルにより，多くの実システムに現れるモジュラリティ，局所的なクラスターおよびスケールフリートポロジーが説明可能となった．

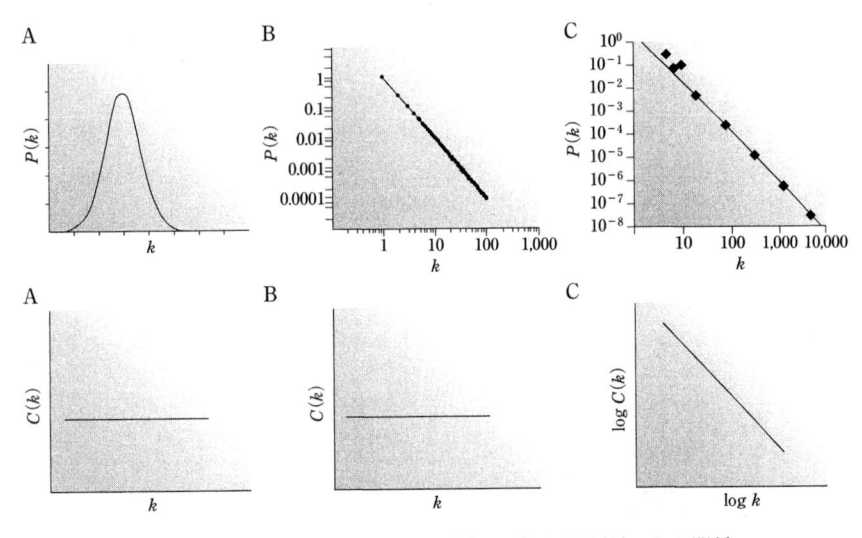

図 各ネットワークモデルでの$C(k)\sim k$および$C(k)\sim k$の関係

Appendix I

付表 I-1 SI の基本単位と補助単位

量		名　称	記号
基本単位	長　　さ	メートル (meter, metre)	m
	質　　量	キログラム (kilogram, kilogramme)	kg
	時　　間	秒 (second)	s
	電　　流	アンペア (ampere)	A
	熱力学温度	ケルビン (kelvin)	K
	物　質　量	モル (mole)	mol
	光　　度	カンデラ (candela)	cd
補助単位	平　面　角	ラジアン (radian)	rad
	立　体　角	ステラジアン (steradian)	sr

付表 I-2 固有の名称を持つ組立単位の例

量	名　称	記号	基本単位あるいは他の組立単位との関係
周波数	ヘルツ (hertz)	Hz	$1[\text{Hz}] = 1[\text{s}^{-1}]$
力	ニュートン (newton)	N	$1[\text{N}] = 1[\text{kg} \cdot \text{m} \cdot \text{s}^{-2}] = 1[\text{J} \cdot \text{m}^{-1}]$
圧力	パスカル (pascal)	Pa	$1[\text{Pa}] = 1[\text{N} \cdot \text{m}^{-2}] = 1[\text{kg} \cdot \text{m}^{-1} \cdot \text{s}^{-2}]$
エネルギー	ジュール (joule)	J	$1[\text{J}] = 1[\text{N} \cdot \text{m}] = 1[\text{W} \cdot \text{s}] = 1[\text{kg} \cdot \text{m}^2 \cdot \text{s}^{-2}]$
仕事率	ワット (watt)	W	$1[\text{W}] = 1[\text{J} \cdot \text{s}^{-1}] = 1[\text{kg} \cdot \text{m}^2 \cdot \text{s}^{-3}]$
電荷	クーロン (coulomb)	C	$1[\text{C}] = 1[\text{A} \cdot \text{s}]$
電位	ボルト (volt)	V	$1[\text{V}] = 1[\text{J} \cdot \text{C}^{-1}] = 1[\text{kg} \cdot \text{m}^2 \cdot \text{s}^{-3} \cdot \text{A}^{-1}]$
電気抵抗	オーム (ohm)	Ω	$1[\Omega] = 1[\text{V} \cdot \text{A}^{-1}] = 1[\text{kg} \cdot \text{m}^2 \cdot \text{s}^{-3} \cdot \text{A}^{-2}]$

付表 I-3 SI の接頭語

倍数	名　称	記号	倍数	名　称	記号
10^{18}	エクサ (exa)	E	10^{-18}	ア　ト (atto)	a
10^{15}	ペ　タ (peta)	P	10^{-15}	フェムト (femto)	f
10^{12}	テ　ラ (tera)	T	10^{-12}	ピ　コ (pico)	p
10^{9}	ギ　ガ (giga)	G	10^{-9}	ナ　ノ (nano)	n
10^{6}	メ　ガ (mega)	M	10^{-6}	マイクロ (micro)	μ
10^{3}	キ　ロ (kiro)	k	10^{-3}	ミ　リ (milli)	m
10^{2}	ヘクト (hector)	h	10^{-2}	センチ (centi)	c
10^{1}	デ　カ (deca)	da	10^{-1}	デ　シ (deci)	d

Appendix

付表 I-4 SI と併用してよいと JIS で認められている単位

量	名　　称	記　号
時　間	分 (minute) 時 (hour) 日 (day)	min h d
体　積	リットル (liter)	l または L
質　量	トン (ton)	T
平面角	度 (degree) 分 (minute) 秒 (second)	° ′ ″

付表 I-5 SI とこれまで使われてきた単位系

量	国際単位系 (SI)	これまで使われてきた単位系		
		絶対単位系 (MLT 系)	重力単位系 (FLT 系)	工学単位系 (MFLT 系)
質量	kg	kg	$Kg \cdot s^2 \cdot m^{-1}$	kg
密度	$kg \cdot m^{-3}$	$kg \cdot m^{-3}$	$Kg \cdot s^2 \cdot m^{-4}$	$kg \cdot m^{-3}$
圧力	Pa	$kg \cdot m^{-1} \cdot s^{-2}$	$Kg \cdot m^{-2}$	$Kg \cdot m^{-2}$
仕事	J	$kg \cdot m^2 \cdot s^{-2}$	$Kg \cdot m$	$Kg \cdot m$
粘度	$Pa \cdot s$	$kg \cdot m^{-1} \cdot s^{-1}$	$Kg \cdot s \cdot m^{-2}$	$kg \cdot m^{-1} \cdot s^{-1}$

Appendix II

付表II-1　代表的無次元数

記号	名　称	物理的意味	定　義
Ar	アルキメデス数[*1]	$\dfrac{浮力}{慣性力}$	$\dfrac{\Delta \rho g \cdot l}{\rho V^2}$
D_I	第Iダムケラー数	$\dfrac{反応生成物量}{系全体の質量}$	$\dfrac{R \cdot l}{\rho V}$
D_{II}	第IIダムケラー数	$\dfrac{反応生成量}{拡散移動量}$	$\dfrac{R \cdot l^2}{\rho D}$
D_{III}	第IIIダムケラー数	$\dfrac{反応生成熱}{蓄積熱}$	$\dfrac{q \cdot R \cdot l}{Cp \cdot V \cdot \rho \cdot \Delta\theta}$
D_{IV}	第IVダムケラー数	$\dfrac{反応生成熱}{伝導熱}$	$\dfrac{q \cdot R \cdot l^2}{K \Delta\theta}$
Eu	オイラー数	$\dfrac{静圧力}{慣性力}$	$\dfrac{2P}{\rho V^2}$
Fo	フーリエ数	$\dfrac{伝導熱}{蓄積熱}$	$\dfrac{\alpha}{l \cdot V}$
Fr	フルード数	$\dfrac{慣性力}{重力}$	$\dfrac{V}{gl}$
修正 Fr	修正フルード数	$\dfrac{慣性力}{重力}$	$\sqrt{\dfrac{\rho_2}{\rho_1}} \times \dfrac{V}{\sqrt{gl}}$
Ga	ガリレオ数	$\dfrac{浮力}{粘性力} \times \dfrac{慣性力}{粘性力}$	$\dfrac{gl^3}{\nu^2}$
Gr	グラスホッフ数	$\dfrac{浮力}{粘性力} \times \dfrac{慣性力}{粘性力}$	$\dfrac{g\beta l^3 \Delta\theta}{\nu^2}$
Le	ルイス数	物性値	$\dfrac{\alpha}{D}$

[*1]　ArをGaと同じとする定義もある．

Appendix

付表 II-1　代表的無次元数（つづき）

記号	名称	物理的意味	定義
M	マッハ数	$\dfrac{速度}{音速}$	$\dfrac{V}{a}$
Ne	ニュートン数	$\dfrac{外力}{慣性力}$	$\dfrac{F}{\rho \cdot l^2 \cdot V^2}$
Nu	ヌッセルト数	$\dfrac{伝熱量}{伝導熱}$	$\dfrac{l \cdot h}{K}$
Pe	熱移動のペクレ数	$\dfrac{蓄積熱}{伝導熱}$	$\dfrac{\rho \cdot C_p \cdot l \cdot V}{K}$
Pe*	物質移動のペクレ数	$\dfrac{代表質量}{拡散移動量}$	$\dfrac{Vl}{P}$
Pr	プラントル数	熱移動の物性値	$\dfrac{\nu}{\alpha}$
Re	レイノルズ数	$\dfrac{慣性力}{粘性力}$	$\dfrac{l \cdot V}{\nu}$
S	スワール数	$\dfrac{角運動数}{軸方向運動量}$	$\dfrac{G_\varphi}{Gx \cdot r}$
Sc	シミュット数	物質伝達の物性値	$\dfrac{\nu}{D}$
Sh	シャーウッド数	$\dfrac{対流移動質量}{拡散移動質量}$	$\dfrac{h_D \cdot l}{D}$
St	スタントン数	$\dfrac{伝熱量}{蓄積熱}$	$\dfrac{h}{C_p \cdot \rho \cdot V}$
We	ウエーバー数	$\dfrac{慣性力}{表面張力}$	$\dfrac{\rho \cdot V^2 \cdot l}{\sigma}$

付表Ⅱ-2　規準エクセルギーと規準エンタルピー

物質	参照物質	規準エクセルギー [kJ/mol]	規準エンタルピー [kJ/mol]
Al_2O_3	Al_2O_3 (a : α -corundum)	0.00	0.00
C(s)	CO_2(g)	410.83	466.96
CaO	$CaCO_3$(s : calcite)	110.41	204.60
CO(g)	CO_2(g)	275.55	325.38
CO_2(g)	CO_2(g)	20.11	0.00
CH_4(g)	CO_2(g), H_2O(g)	830.74	924.62
Fe(s)	Fe_2O_3(s : hematite)	368.41	472.25
Fe_1O	Fe_2O_3	118.74	143.36
Fe_3O_4	Fe_2O_3	96.97	137.92
Fe_2O_3	Fe_2O_3	0.00	0.00
H_2(g)	H_2O(g)	235.39	328.84
H_2O(g)	H_2O(g)	8.60	0.00
MgO(s)	$CaMg(CO_3)_2$(s : dolomite)	50.83	135.66
MnO(s)	MnO_2(s)	100.36	155.97
N_2(g)	N_2(g)	0.69	0.00
O_2(g)	O_2(g)	3.95	0.00
P(s)	$Ca_3(PO_4)_2$(s)	866.58	866.52
S(s)	$CaSO_4, 2H_2O$	603.22	341.12
Si(s)	SiO_2(s : α -quatz)	853.35	1008.77
SiO_2(s)	SiO_2	0.00	0.00

Appendix

付表 II-3　平均比熱データ

	分子量 M	定数 A	定数 $B \times 10^3$	定数 $C \times 10^{-5}$	定数 $D \times 10^6$	温度 T_1 [K]	温度 T_2 [K]	潜　熱 L [kcal/mol]
CaO	56.0794	11.86	1.08	−1.66	0	298	2888	0
Al_2O_3	101.961	24.821	6.278	−6.953	0	298	800	0
		28.804	2.197	−11.560	0	800	2327	0
MgO	40.3114	11.707	0.751	−2.734	0	298	3098	0
MnO	70.9374	11.11	1.94	−0.88	0	298	1800	0
SiO_2	60.0848	10.496	9.277	−2.313	0	298	847	0.728
		17.119	0.452	−9.335	0	847	1696	0
Fe_2O_3	159.692	23.49	18.6	−3.55	0	298	953	0.669
		36.0	0.0	0.00	0	953	1053	0
		31.71	1.76	0.00	0	1053	1730	0
Fe_3O_4	231.539	20.618	49.932	0.00	0	298	866	0
		48.00	0.0	0.00	0	866	1870	0
Fe_1O	68.8865	11.66	2.00	−0.67	0	298	1650	0
Fe	55.847	6.734	−1.749	−0.692	5.985	298	800	0
		−62.967	61.140	148.0	0	800	1000	0
		−153.418	166.429	0.00	0	1000	1042	0
		465.166	−427.222	0.00	0	1042	1060	0
		−134.305	79.862	696.012	0	1060	1184	0.900
		5.734	1.998	0.00	0	1184	1665	0.837
		5.888	2.367	0.00	0	1665	1809	0
C	12.0111	0.026	9.307	−0.354	−4.155	298	1100	0
		5.841	0.104	−7.559	0	1100	4073	0
$H_2O(g)$	18.0153	7.17	2.56	0.08	0	298	2500	0
$H_2(g)$	2.0159	6.52	0.78	0.12	0	298	3000	0
$CO(g)$	28.0105	6.79	0.98	−0.11	0	298	2500	0
$CO_2(g)$	44.0099	10.55	2.16	−2.04	0	298	2500	0
$CH_4(g)$	16.0430	2.975	18.329	0.346	−4.303	298	2000	0
$N_2(g)$	28.0134	6.66	1.02	0.00	0	298	2500	0

注：Cp（定容比熱）[cal/mol K] $= A + BT + CT^{-2} + DT^2$
　　[J/mol K] に換算する場合は，換算係数 4.184 [J/cal] をかければよい．

付表 II-4　一般的な記号

物質	意味 [単位]	物質	意味 [単位]
A	面積 [m²]	$\dot{q}$	熱流速 [kW/m²]
a	音速 [m/s] または加速度 [m/s²]	R	反応生成量 [kg/s]
C_p	定容比熱 [J/mol K]	r	半径 [m]
D	拡散係数 [m²/s]	t	時間 [s]
d	長さ [m]	V, v	速度 [m/s]
F	力 [N]	x, y, z	位置変数 [m]
Gx	x 軸方向の運動量 [kg·m/s²]	α	温度伝導率 [m²/s]
$G\phi$	角運動量 [kg/s²]	β	体積膨張率 [1/K]
h	熱伝達率 [kW/m²·K]	θ	温度 [K]
K	熱伝導率 [kW/m·K]	$\Delta\theta$	温度差 [K]
k	相似比 [-]	μ	粘性係数 [Pa·s]
L, l	長さ [m]	ν	動粘性係数 [m²/s]
m	濃度 [kg/m³] または質量 [kg]	π	無次元数 (-)
p	圧力 [Pa]	ρ	密度 [kg/m³]
Δp	差圧 [Pa]	$\Delta\rho$	密度差 [kg/m³]
Q	発生熱 [kW]	σ	表面張力 [kg/m]
q	単位体積当たりの発生熱 [kW/m³]		

添え字記号

x	x 方向の…	0	代表の…
y	y 方向の…	`	模型の…
z	z 方向の…	*	無次元の…

Appendix III
エクセルギープログラムのソースコード例

【気体】

10' program name : EGAS(gas exergy)気体，液体のエクセルギー

15' programmer ; tomohiro akiyama　秋山友宏

20' declaration of dimension　大きさの宣言

30 MAT=10 : S=MAT

35' A,B,C,D ; constant, et ; chemical exergy, e0, chemical enthalpy, mw ; molecular weight, N$; gas name　記号表

40 DIM A(S), B(S), C(S), D(S), ET(S), E0(S), E1(S), M1(S), M2(S), MM(S), N$(S), TE(S), MW(S), MS(S)

50 DIM X(S), R1(S), R2(S)

60 DIM H(S), S(S)

70'

80 REM======CP：[CAL/MOL/K]比熱の計算======

90　A(1)=6.52 : B(1)=　.78 : C(1)=　.12 : D(1)=　0 : ET(1)=　68.31 : E0(1)=　56.22 : MW(1)=　2 : N$(1)="H2"

100 A(2)=6.79 : B(2)=　.98 : C(2)=　-.11 : D(2)=　0 : ET(2)=　67.59 : E0(2)=　65.81 : MW(2)=28 : N$(2)="CO "

110 A(3)=10.55 : B(3)=　2.16 : C(3)=-2.04 : D(3)=　0 : ET(3)=　0 : E0(3)=　4.81 : MW(3)=44 : N$(3)="CO2"

120 A(4)=　7.17 : B(4)=　2.56 : C(4)=　.08 : D(4)=　0 : ET(4)=　10.52 : E0(4)=　2.06 : MW(4)=18 : N$(4)="H2O"

130 A(5)=2.975 : B(5)=18.329 : C(5)=　.346 : D(5)=-4.303 : ET(5)=212.79 : E0(5)=198.41 : MW(5)=16 : N$(5)="CH4"

140 A(6)=　6.66 : B(6)=　1.02 : C(6)=　0 : D(6)=　0 : ET(6)=　0 : E0(6)=　.17 : MW(6)=28 : N$(6)="N2 "

150 A(7) = 7.16 : B(7) =   1! : C(7) =   -.4 : D(7) =   0 : ET(7) = 0 : E0(7) = .94 : MW(7) = 32 : N$(7) = "O2 "
160 A(8) = 7.16 : B(8) =   1! : C(8) =   -.4 : D(8) =   0 : ET(8) = 372.82 : E0(8) = 357.02 : MW(8) = 30 : N$(8) = "C2H6"
170 A(9) = 7.16 : B(9) =   1! : C(9) =   -.4 : D(9) =   0 : ET(9) = 530.61 : E0(9) = 513.62 : MW(9) = 44 : N$(9) = "C3H8"
180 A(10) = 7.16 : B(10) =   1! : C(10) =   -.4 : D(10) =   0 : ET(10) = 687.99 : E0(10) = 669.47 : MW(10) = 58 : N$(10) = "C4H10"
190'
200 REM ======== INPUT DATA　入力データ========
210 PRINT CHR$(12)
220'　ガス分率
230'　　H2　　, CO　　, CO2　　, H2O　　, CH4　　, N2　　, O2　　, C2H6　　, C3H8　　, C4H10
240 DATA 0.00000 , 0.00000 , 0.00000 , 1.00000 , 0.00000 , 0.00000 , 0.00000 , 0.00000 , 0.00000 , 0.00000
250 READ X(1)　　, X(2)　　, X(3)　　, X(4)　　, X(5)　　, X(6)　　, X(7)　　, X(8)　　, X(9)　　, X(10)
260'　　ATM(圧力)　, k(温度ケルビン)　, NM3/t　(トン当たりの流量)
270 DATA 100.0 , 200+273, 1000
280 READ P　, T　, FR
290'
300 REM ========= flow rate 流量 =========
310 FF=0 : STX=0
320 FOR I=1 TO MAT
330 STX=STX + X(I)
340 R1(I) = X(I) * FR
350 R2(I) = R1(I) / .022414
360 R3(I) = R1(I) / .022414 * MW(I) / 1000
370 FF = FF + R3(I)

```
380 NEXT I
390'
400 REM = = = = = = = STANDARD CONDITION  規準条件 = = = = = = =
410 T0 = 298.15
420 P0 = 1!
430'
440 REM = = EX1 = [H-H(298)] -T0* [S-S(298)] エクセルギー = = =
450'                    Thermal Exergy    熱
460 FOR I = 1 TO MAT
470 B(I) = B(I) *.001
480 C(I) = C(I) *100000!
490 D(I) = D(I) *.000001
500 ET(I) = ET(I) *1000
510 E0(I) = E0(I) *1000
520 NEXT I
530 EX1 = 0 : SH1 = 0 : SH0 = 0
540 FOR I = 1 TO MAT
550 H(I) = A(I) * (T-T0) + B(I) * (T ^ 2 - T0 ^ 2)/ 2 - C(I)* (1 / T - 1 / T0) + D(I)/ 3 * (T ^ 3 - T0 ^ 3)
560 SH0 = SH0 + (H(I)) * R2(I)
570 SH1 = SH1 + (ET(I)) * R2(I)
580 S(I) = A(I) * LOG(T / T0) + B(I) * (T - T0) - C(I)/ 2 * (1 / T ^ 2 - 1 / T0 ^ 2) + D(I)/ 2 * (T ^ 2 - T0 ^ 2)
590 TE(I) = H(I) - T0 * S(I)
600 E1(I) = TE(I) * R2(I)
610 EX1 = EX1 + E1(I)
620 NEXT I
630 EX1 = EX1 / 1000 / 1000 : SH0 = SH0 / 1000 / 1000 : SH1 = SH1 / 1000 / 1000
640'
```

```
650 REM = = = = EX2:PRESSURE    圧力    = = = =
660'                  PRESSURE   EXERGY + Mixing Exergy    圧力と混合
670 EX2 = 0 : XY = 0 : XX = 0
680 R = 1.987
690 EP2 = R * T0 * LOG(P / P0) * FF
700 EX2 = EP2 / 1000 / 1000
710'
720 REM = = = = = = = = EX3:STANDARD    標準    = = = = = = = =
730'                  Chemical exergy    化学エクセルギー
740 EX3 = 0 : EM3 = 0
750 FOR I = 1 TO MAT
760 IF X(I) = 0 THEN GOTO 800
770 M1(I) = R2(I) * E0(I)
780 M2(I) = R * T0 * R2(I) * LOG(X(I))
790 MM(I) = M1(I) + M2(I)
800 EM3 = EM3 + MM(I)
810 NEXT I
820 EX3 = EM3 / 1000 / 1000
830'
840 REM = = = = = = = = PRINT 0 = = = = = = = =
850 FOR I = 1 TO MAT : PRINT N$(I) ; "=" ; X(I) * 100 : NEXT I
860 PRINT USING "T0TAL (%)          = ###.#" ; STX * 100
870 PRINT " Flow rate    (NM3/t)    =" ; FR
880 PRINT " Temperature (K)(°C)    =" ; T ; "," ; T - 273
890 PRINT " Pressure      (atm)     =" ; P

900 PRINT USING " ENTHALPY(thermal)   :######E+03kcal/t" ; (SH0)
910 PRINT USING " ENTHALPY(chemical):######E+03kcal/t" ; (SH1)
920 PRINT USING " ENTHALPY              :######E+03kcal/t" ; (SH0 + SH1)
```

```
930 PRINT USING " EXERGY (thermal)   :######E+03kcal/t" ; (EX1)
940 PRINT USING " EXERGY (pressure)  :######E+03kcal/t" ; (EX2)
950 PRINT USING " EXERGY (chemical)  :######E+03kcal/t" ; (EX3)
960 PRINT USING " EXERGY             :######E+03kcal/t" ; (EX1
+ EX2 + EX3)
970 END
```

【固体】

```
10' File name ---- ESOLID.ver1-----固体のエクセルギー
20'
30 REM = = = SOLID EXERGY CALCULATION    固体エクセルギー計算
40 SUM = 46 : S = SUM
50 DIM NA$(S +1), SH(S), SS(S), A(S), B(S), C(S), D(S), ET(S), E0(S),
T1(S), T2(S)
60 DIM L(S), MW(S), TE(S), X(S), R(S)
70'
80 REM = = = = = = = = INPUT DATA    入力データ   = = = = = = = =
90 PRINT CHR$(12)
100 MAT = 25
110'
120'      S        ,CaO     ,Al2O3    ,MgO     ,MnO      ,SiO2
130 DATA 0.00000 ,0.00000 ,0.03920 ,0.00000 ,0.00000 ,0.00000
140 READ X(0)    ,X(1)    ,X(2)    ,X(3)    ,X(4)    ,X(5)
150'
160'      Fe2O3   ,Fe3O4   ,FeO     ,Fe      ,C        ,Mn
170 DATA 0.00000 ,0.00000 ,0.00000 ,0.00040 ,0.00000 ,0.00040
180 READ X(6)    ,X(7)    ,X(8)    ,X(9)    ,X(10)   ,X(11)
190'
200'      MnO2    ,H2O(l)  ,Si      ,Fe(OH)3 ,Cu       ,Zn
210 DATA 0.00000 ,0.00000 ,0.00020 ,0.00000 ,0.00100 ,0.00003
```

```
220 READ X(12)   ,X(13)   ,X(14)   ,X(15)   ,X(16)   ,X(17)
230'
240'     ZnO     ,ZnFe2O4 ,Al      ,AlN     ,Al4C3   ,Mg
250 DATA 0.00000 ,0.00000 ,0.93490 ,0.0228  ,0.0005  ,0.003700
260 READ X(18)   ,X(19)   ,X(20)   ,X(21)   ,X(22)   ,X(23)
270'
271'     Cr      ,K
272 DATA 0.00010 ,0.00850
273 READ X(24)   ,X(25)
274'
280'     T(K)    , R(kg/t)
290 DATA 750+273, 161
300 READ TI, FR
310'
320 REM = = = = = = STANDARD CONDITION  規準条件 = = = = = =
330 STX = 0
340 FOR J = 0 TO MAT : STX = STX + X(J) : NEXT J
350 T0 = 298.15
360 GOSUB 680
370'
380 REM = = = = = = = flow rate  流量 = = = = = = = =
390 FF = 0
400 FOR J = 0 TO MAT
410 R(J) = (X(J) * FR * 1000) / MW(J)
420 FF = FF + R(J)
430 NEXT J
440'
450 REM = = = = = H & S   エンタルピーとエントロピー = = = = =
460 EX1 = 0 : EX0 = 0 : SH1 = 0 : SH0 = 0
470 FOR J = 0 TO MAT
```

```
480 TE(J) = SH(J) - T0 * SS(J)
490 SH1 = SH1 + (SH(J)) * R(J)
500 SH0 = SH0 + (ET(J)) * R(J)
510 EX1 = EX1 + (TE(J)) * R(J)
520 EX0 = EX0 + (E0(J)) * R(J)
530 NEXT J
540 EX1 = EX1 / 1000 / 1000 : EX0 = EX0 / 1000 / 1000 : SH1 = SH1 / 1000 / 1000 : SH0 = SH0 / 1000 / 1000
550 '
560 REM = = = = = = = = print 0  印刷 = = = = = = = =
570 FOR J = 0 TO MAT : PRINT NA$(J) ; "=" ; X(J) * 100
580 NEXT J
590 PRINT USING "T0TAL (%)      = ###.#" ; STX * 100
600 PRINT " Flow rate   (kg/t)   =" ; FR
610 PRINT " Temperature (K)(°C)  =" ; TI ; "," ; TI - 273
620 PRINT USING "    Total ENTHALPY :######E+03 kJ/t" ; ((SH0 + SH1) * 4.18)
630 PRINT USING " Thermal ENTHALPY :######E+03 kJ/t" ; (SH1 * 4.18)
640 PRINT USING " Chemical ENTHALPY :######E+03 kJ/t" ; (SH0 * 4.18)
650 'PRINT USING "    Total EXERGY   :######E+03 kJ/t" ; ((EX0 + EX1) * 4.18)
651 'PRINT USING " Thermal EXERGY   :######E+03 kJ/t" ; (EX1 * 4.18)
652 'PRINT USING " Chemical EXERGY  :######E+03 kJ/t" ; (EX0 * 4.18)
660 END
670 '
680 REM ************ h & s ******************************************
690 GOSUB 1160
700 FOR I = 0 TO SUM
710 GOSUB 770
720 NEXT I
```

```
730 GOSUB 930
740 GOSUB 1070
750 RETURN
760 '
770 REM = = SUB. AT TI [°K]   CALC. H & S 温度 T のエンタルピーとエ
ントロピー計算 = = = =
780   H = 0 : TX = TI
790 IF TX < T1(I) THEN GOTO 800 ELSE GOTO 820
800 SH(I) = 0 : SS(I) = 0 : GOTO 900
810 '
820 IF TX > = T2(I) THEN GOTO 830 ELSE GOTO 850
830 TX = T2(I) : H = L(I) * 1000
840 '
850 REM *********** CALC. ENTHALPY *** H - H(298) *** ΔH の計算
860 SH(I) = A(I) * (TX - T1(I)) + .5 * B(I) * .001 * (TX^2 - T1(I)^2) - C(I)
* 100000! * (1 / TX - 1 / T1(I)) + D(I) / 3 * .000001 * (TX^3 - T1(I)^3) + H
870 '
880 REM *********** CALC. ENTROPY   *** S - S(298) *** ΔS の計算
890 SS(I) = A(I) * LOG(TX / T1(I)) + B(I) * .001 * (TX - T1(I)) - C(I) /
2 * 100000! * (1 / TX^2 - 1 / T1(I)^2) + D(I) / 2 * .000001 * (TX^2 -
T1(I)^2) + H / TX
900 REM
910 RETURN
920 '
930 REM *********** SUB. SUMMIATION************ 合計
940 J = 0
950 FOR I = 0 TO SUM
960 SXSH = 0 : SXSS = 0
970 K = 0
980 IF NA$(I) = NA$(I + K) THEN 990 ELSE 1020
```

```
990 SXSH = SXSH + SH(I + K) : SXSS = SXSS + SS(I + K)
1000 K = K + 1
1010 GOTO 980
1020 SH(J) = SXSH : SS(J) = SXSS
1030 J = J + 1 : I = I + K - 1
1040 NEXT I
1050 RETURN
1060 '
1070 REM *********** SUB. CHANGE ***********置き換え
1080 I = 0 : J = 0
1090 FOR I = 0 TO SUM
1100 IF NA$(I) = NA$(I + 1) THEN 1130
1110 NA$(J) = NA$(I) : ET(J) = ET(I) : E0(J) = E0(I) : MW(J) = MW(I)
1120 J = J + 1
1130 NEXT I
1140 RETURN
1150 '
1160 '**SUB. ENTHALPY & ENTROPY ******エンタルピーとエントロピーの
補助計算
1170 ' 0:S   , 1:CaO , 2:Al2O3 , 3:MgO   , 4:MnO , 5:SiO2   , 6:Fe2O3 , 7:Fe3O4
, 8:FeO , 9:Fe
1180 '10:C    ,11:Mn    ,12:MnO2   ,13:H2O(l),14:Si   ,15:Fe(OH)3 ,16:Cu
,17:Zn   ,18:ZnO ,19:ZnFe2O4
1190 '20:Al
1200 '********************************************************************
1210 FOR I = 0 TO SUM
1220 READ NA$(I), ET(I), E0(I), MW(I), A(I), B(I), C(I), D(I), T1(I), T2(I), L(I)
1230 ET(I) = ET(I) * 1000
1240 E0(I) = E0(I) * 1000
```

1250 NEXT I
1260 RETURN
1270 '
1280 '*********** BARIN & KNACKE DATA ******オリジナル熱力学データ
1290 '   NAME   ,enthalpy,exergy, M   , A , B , C , D , T1 , T2 , L
1300 '   [kcal/mol] [kcal/mol] [g/mol]   [-]   *10^-3   *10^+5   *10^-6   K   K   [kcal/m]
1310 DATA "S   ", 70.86, 144.07,   32,   3.54,   5.75,   0.174,   0, 298.15,   368,   0
1320 DATA "CaO   ", 42.50, 26.37, 56.0794, 11.86,   1.08, -1.66,   0, 298.15, 2888,   0
1330 DATA "Al2O3 ", 0.00,   0.00, 101.961, 24.821, 6.278, -6.953, 0, 298.15,   800,   0
1340 DATA "Al2O3 ", 0.00,   0.00, 101.961, 28.804, 2.197, -11.560, 0,   800, 2327,   0
1350 DATA "MgO   ", 28.10, 12.14, 40.3114, 11.707, 0.751, -2.734, 0, 298.15, 3098,   0
1360 DATA "MnO   ", 32.40, 23.97, 70.9374, 11.11,   1.94,   -0.88, 0, 298.15, 2000,   0
1370 DATA "SiO2   ", 0.00,   0.00, 60.0848, 10.496, 9.277, -2.313, 0, 298.15,   847, 0.174
1380 DATA "SiO2   ", 0.00,   0.00, 60.0848, 17.119, 0.452, -9.335, 0,   847, 1996,   0
1390 DATA "Fe2O3 ", 0.00,   0.00, 159.692, 23.49, 18.6,   -3.55,   0, 298.15,   953, 0.16
1400 DATA "Fe2O3 ", 0.00,   0.00, 159.692, 36.0,   0.0,   0,   0,   953, 1053,   0
1410 DATA "Fe2O3 ", 0.00,   0.00, 159.692, 31.71,   1.76,   0,   0, 1053, 1730,   0

1420 DATA "Fe3O4 ", 28.65, 23.16, 231.539, 20.618, 49.932,   0,
0, 298.15, 866,   0
1430 DATA "Fe3O4 ", 28.65, 23.16, 231.539, 48.00,   0.0,   0,
0, 866, 1870,   0
1440 DATA "FeO   ", 33.63, 28.53, 71.85, 12.142, 2.059, -0.791,
0, 298.15, 1650, 5.75
1450 DATA "FeO   ", 33.63, 28.53, 71.85,   16.3,   0,   0,
0, 1650, 3687,   0
1460 DATA "Fe   ", 98.65, 87.99, 55.847, 6.734, -1.749, -0.692, 5.985,
298.15, 800,   0
1470 DATA "Fe   ", 98.65, 87.99, 55.847, -62.967, 61.140, 148.0,   0,
800, 1000,   0
1480 DATA "Fe   ", 98.65, 87.99, 55.847,-153.419, 166.429,   0,
0, 1000, 1042,   0
1490 DATA "Fe   ", 98.65, 87.99, 55.847, 465.166,-427.222,   0,
0, 1042, 1060,   0
1500 DATA "Fe   ", 98.65, 87.99, 55.847,-134.305, 79.862, 696.012,   0,
1060, 1184,0.215
1510 DATA "Fe   ", 98.65, 87.99, 55.847, 5.734,   1.998,   0,   0,
1184, 1665, 0.20
1520 DATA "Fe   ", 98.65, 87.99, 55.847, 5.888,   2.367,   0,   0,
1665, 1809, 3.3
1530 DATA "Fe   ", 98.65, 87.99, 55.847,   11,   0,   0,
0, 1809, 3135,   0
1540 DATA "C   ", 94.05, 98.12, 12.0111, 0.026,   9.307, -0.354, -4.155,
298.15, 1100,   0
1550 DATA "C   ", 94.05, 98.12, 12.0111, 5.841,   0.104, -7.559,   0,
1100, 4073,   0
1560 DATA "Mn   ",124.45, 110.21, 54.938,   6.03,   3.56, -0.443,
0, 298.15, 1410,0.430

1570 DATA "Mn   ",124.45, 110.21, 54.938, 11.30,   0,   0, 0, 1410, 1517, 3.5
1580 DATA "Mn   ",124.45, 110.21, 54.938, 11.00,   0,   0, 0, 1517, 2324, 0
1590 DATA "MnO2 ", 0.00, 0.00, 86.9368, 16.60, 2.44, -3.88, 0, 298.15, 780, 0
1600 DATA "H2O(l)", 0.00, 0.00, 18.0153, 18.015, 0,   0,   0, 298.15,373.15, 0
1610 DATA "Si   ",209.55, 203.81, 28.08, 5.455, 0.922, -0.846, 0, 298.15, 1685, 12.0
1620 DATA "Si   ",209.55, 203.81, 28.08, 6.5,   0,   0,   0, 1685, 3492, 0
1630 DATA "Fe(OH)3", 2.13, 7.24, 106.871, 20.438, 29.455, -3.614, -10.101, 298.15, 1000, 0
1640 DATA "Cu   ", 37.25, 34.37, 63.55, 5.94, 0.905, -0.332, 0, 298.15, 1357, 3.17
1650 DATA "Cu   ", 37.25, 34.37, 63.55, 7.50, 0,   0, 0, 1357, 2848, 0
1660 DATA "Zn   ", 84.40, 80.65, 65.39, 5.35, 2.4, 0, 0, 298.15, 693,1.765
1670 DATA "Zn   ", 84.40, 80.65, 65.39, 7.50, 0, 0, 0, 693, 1184, 0
1680 DATA "ZnO   ", 1.20, 5.04, 81.39, 11.71, 1.22, -2.18, 0, 298.15, 1600, 0
1690 DATA "ZnFe2O4", 0.00, 3.572, 241.09, 37.15, 10.65, -3.82, 0, 298.15, 1000, 0
1700 DATA "Al   ",188.39, 31.84, 26.981, 7.617, -4.344, -0.90, 5.376, 298.15, 933, 2.56
1710 DATA "Al   ",188.39, 31.84, 26.981, 5.203, 0,   0, 0, 933, 2793, 0

1720 DATA "AlN   ",125.71,   0,   43.98,   12.34,   0.069, -9.390,
0, 298.15, 2000,   0
1730 DATA "Al4C3 ",460.40,   0, 155.953, 43.012, 1.495, -27.10,
0, 298.15, 2000,   0
1740 DATA "Mg   ", 127.6,   0,   24.30,   6.821, -1.627, -0.583, 3.122,
298.15,   922, 2.20
1745 DATA "Mg   ", 127.6,   0,   24.30,   5.285,   2.603,   0,
0,   922, 1378,   0
1750 DATA "Cr   ",130.84,   0,   52.00,   5.986,   0.301, -0.522, 1.49,
298.15, 2130, 3.49
1755 DATA "Cr   ",130.84,   0,   52.00,   9.402,   0,   0,
0, 2130, 2935,   0

文　献

〈参考になる書籍〉

1) 環境省編：平成17年度版 環境白書，ぎょうせい（2005）
2) 公害防止の技術と法規編集委員会編：公害防止の技術と法規「ダイオキシン類編」，丸善（2005）
3) 公害防止の技術と法規編集委員会編：公害防止の技術と法規「大気編」，丸善（2005）
4) 公害防止の技術と法規編集委員会編：公害防止の技術と法規「水質編」，丸善（2005）
5) 日本化学会編：環境科学，東京化学同人（2004）
6) 石油天然ガス・金属鉱物資源機構：鉱物資源マテリアルフロー（2004）
7) Duncan J. Watts："Small Worlds : The Dynamics of Networks Between Order and Randomness", Princeton Univ. Press（2004）
8) F. シュミット＝ブレーク（佐々木建 訳）：ファクター10 エコ効率革命を実現する，シュプリンガー・フェアラーク東京（2003）
9) Albert-Laszlo Barabasi："Linked : How Everything Is Connected to Everything Else and What It Means for Business, Science, and Everyday Life", Plume（2003）
10) 加藤滋雄，谷垣昌敬，新田友茂：新体系化学工学　分離工学，オーム社（2003）
11) 川本克也，葛西栄輝：入門 環境の科学と工学，共立出版（2003）
12) 大田健一郎，仁科辰夫他：応用化学シリーズ1　無機工業化学，朝倉書店（2002）
13) 越村英雄，廃棄物の燃焼と化学物質の挙動，東京図書出版会（2001）
14) 拓殖秀樹，上ノ山周他：応用化学シリーズ4　化学工学の基礎，朝倉書店（2000）
15) 吉田邦夫編：エクセルギー工学，共立出版（1999）
16) 日本金属学会編：金属化学入門シリーズ2　鉄鋼製錬，丸善（1999）
17) 日本金属学会編：金属化学入門シリーズ3　金属製錬工学，丸善（1999）
18) 川村哲也：環境科学入門，インデックス出版（1998）
19) エネルギー教育研究会編著：現代エネルギー・環境論，電力新報社（1997）
20) 長井　寿：金属の資源・製錬・リサイクル，化学工業日報社（1996）

21) 石田 愈：熱力学 基本の理解と応用，培風館 (1995)
22) 岡田 功, 金子 賢：化学工学入門，オーム社 (1965)

〈参考になる WEB サイト〉

リサイクルや環境の一般情報

23) 環境省　http://www.env.go.jp/（廃棄物リサイクル，地球環境関連などの膨大な情報）
24) 国立環境研究所の EIC ネット　http://www.eic.or.jp/index.html（環境情報案内・交流サイト．種々の環境情報，化学物質情報，リサイクル，エネルギーなどの情報）
25) 省エネルギーセンター　http://www.eccj.or.jp/index.html（エネルギー，省エネルギーに関するデータベースなど）
26) 鉄鋼環境基金の助成研究成果報告書データベース　http://www8.ocn.ne.jp/~sept/seikahokoku.htm
27) 地球環境センター　http://gec.jp/jp/（都市環境管理活動の支援や，途上国との協力による地球環境保全活動）
28) 日本ガス協会　http://www.gas.or.jp/default.html（都市ガスと環境，コジェネレーション，燃料電池の仕組みなどの情報）
29) 新エネルギー・産業技術総合開発機構　http://www.nedo.go.jp/index.html（産業界－大学－公的研究機関ネットワークを活用した研究開発推進）
30) 日本化学物質安全・情報センター　http://www.jetoc.or.jp/

各種金属製錬に関する情報

31) 日本鉄鋼協会の鉄のおもしろ情報ページ　http://www.isij.or.jp/Omoshiro/Tetsu/index.htm（鉄に関するいろいろな情報の紹介）
32) 日本鉄鋼連盟の鉄作りの紹介ページ　http://www.jisf.or.jp/knowledge/manufacture/index.html
33) 日本鉄源協会　http://www.tetsugen.gol.com/（鉄源の需給に関する詳細情報）
34) 新日鉄の「モノづくりの原点—科学の世界」　http://www0.nsc.co.jp/monozukuri/index.html（アニメーションなどを駆使して，製鉄の過程や鉄の起源などを紹介）
35) 日本アルミニウム協会　http://www.aluminum.or.jp/index.htm（アルミニウムに関する基礎知識や歴史，統計資料などを掲載）

36) 日本溶融亜鉛鍍金協会　http://www.aen-mekki.or.jp/outline.htm（亜鉛めっきの概要紹介ページ）

37) ステンレス協会　http://www.jssa.gr.jp/（ステンレスの製造行程，用途などの情報）

38) 日本伸銅協会　http://www.copper-brass.gr.jp/（黄銅（しんちゅう），りん青銅，洋白等の銅合金製造と製品に関する情報）

39) 住友軽金属メタルワールド　http://www.metal-world.jp/SLM/

物質再生，リサイクルに関する情報

40) 経済産業省の環境・リサイクルホームページ　http://www.meti.go.jp/policy/environment/index.html

41) 国土交通省リサイクルホームページ　http://www.mlit.go.jp/sogoseisaku/region/recycle/refrm.htm

42) 農林水産省食品リサイクル関係ページ　http://www.maff.go.jp/sogo_shokuryo/kankyou.htm

43) 八都県市リサイクルスクエアー　http://www.8tokenshi.jp/index.html

44) 環境 goo「ゴミとリサイクル」　http://eco.goo.ne.jp/recycle/

45) 日本鉄リサイクル工業会　http://www.jisri.or.jp/index.html（電気炉法によるスクラップからの製鋼法などを紹介）

46) 日本容器包装リサイクル協会　http://www.jcpra.or.jp/

47) 家電リサイクル券センター　http://www.rkc.aeha.or.jp/

48) パソコン 3R 推進センター　http://www.pc3r.jp/pc3r.html

49) 自動車リサイクル促進センター　http://www.jarc.or.jp/

50) アルミ缶リサイクル協会　http://www.alumi-can.or.jp/

51) 日本プラスチック工業連盟　http://www.jpif.gr.jp/

52) プラスチック処理促進協会　http://www.pwmi.or.jp/home.htm

53) PET ボトルリサイクル推進協議会　http://www.petbottle-rec.gr.jp/top.html

54) 塩ビ工業環境協会　http://www.vec.gr.jp/

55) 塩化ビニル環境対策協議会　http://www.pvc.or.jp/

56) 塩化ビニリデン衛生協議会　http://www3.ocn.ne.jp/

57) 古紙再生促進センター　http://www.prpc.or.jp/

58) 日本製紙連合会　http://www.jpa.gr.jp/
59) ガラス産業連合会　http://www.gic.jp/
60) 日本硝子製品工業会　http://www.glassman.or.jp/
61) 日本ガラスびん協会　http://www.glassbottle.org/
62) ガラスびんリサイクル促進協議会　http://www.glass-recycle-as.gr.jp/
63) 日本硝子製品工業会のガラスの知識と情報　http://www.glassman.or.jp/chishiki/
64) 鉄鋼スラグ協会　http://www.slg.jp/
65) エコスラグ利用普及センター　http://www.jsim.or.jp/honbu/senta/ekosura.htm
66) 光和精鉱ホームページ　http://www.kowa-seiko.co.jp/(塩化揮発法による溶融飛灰からの鉛, 亜鉛の回収プロセス)
67) JBRC (旧小形二次電池再資源化推進センター)　http://www.jbrc.com/
68) 電池工業会　http://www.baj.or.jp
69) 電気通信事業者協会　http://www.tca.or.jp/(携帯電話やPHSのリサイクル行程や実績)

さくいん

ア 行

亜鉛溶鉱炉法　94
アネルギー　38
アノード　97
アルミニウムドロス　110
エアロゾル　70
エクセルギー　37
エクセルギー損失　47
エココンビナート　136
エコマテリアル　143
エコリュックサック　100, 103
エージング　124
エネルギーメディア　2
遠心効果　69
遠心分離　67
エンタルピー収支　22
オイラー数　154
温度補正係数　53
音波集じん　75

カ 行

改正リサイクル法　104
回転引き上げ法　95
化学吸着　85
化学蓄熱　168
化学ポテンシャル　82
可逆な現象　8
架橋現象　66
ガス化溶融　127
カスケード　59
カスケード利用　5, 114
化石資源の枯渇　139
カソード　96
活量係数　84
家電リサイクル法　104
渦電流分離　79
カレット　121
環境・エネルギーに関する三重苦　139
環境効率　148
還元主義　149
乾式製錬　89
慣性集じん　70
管理票制度　104
凝集　66
機械的分離　59
規準生成エンタルピー　22
規準生成熱　22
季節間蓄熱　169
吸引式風力選別機　75
吸着　85
鏡像力　79
巨大コンポーネント　154
クヌーセン拡散　88
クラウジウスの原理　11
クラスター　153
形状係数　75
建設リサイクル法　104

元素の標準有効エネルギー　53
顕熱蓄熱　169
高電圧選別　79
向流多段法　83
高炉スラグ　123
高炉・転炉法　89
氷蓄熱　170
コミュニティの出現　154
コロイド　70
コロナ放電式　79
クロマトグラフィ法　85

サ 行

サイクロン　70
サイクロン集じん　70
最終処分場　132
サーマルリサイクル　106
次元解析　14
自己恒常性維持機能　140
自己組織化　159
磁選機　76
シックナー　64
湿式製錬　89
質量保存の法則　36
自動車リサイクル法　105
集じん　70
収着　85
終末速度　63
重力集じん　70
ジュール＝トムソン効果　7
シュレッダーダスト　106, 129
循環型社会形成推進基本法　103
循環性元素　109
循環利用率　102
焼却灰　129
焼結鉱　89, 92
使用済み自動車のリサイクル率　133
蒸留　83
徐冷スラグ　124
食品リサイクル法　104
磁力分離　76
水砕スラグ　124
水平リサイクル技術　115
スクラバー　72
スケール・フリー・ネットワーク　157
ストークス径　63
ストークスの法則　62
スラグ　89, 91
製鋼スラグ　123
清澄　63
静電選別　78
静電誘導式　78
接触角　81
絶対零度　12
セミバッチ方式　16
ゼロミッション　136
洗浄集じん　72

さくいん

銑鉄　89
潜熱蓄熱　170
速度差分離　82,83
疎水性　81
ソフトセパレーション　59

タ 行

第1種損失　41,170
第2種損失　43,170
帯溶融法　95
脱着　85
単体分離　60,81
地球温暖化　139
仲介エネルギー　17
超臨界流体抽出　84
沈降曲線　63
沈殿濃縮　63
抵抗係数　62
適応度　162
鉄鋼スラグ　123
電解製錬　89
電気集じん機　71
電気炉スラグ　125
電気炉製鋼法　109
電気炉法　89
転炉系スラグ　124
トポロジー　155
トムソンの原理　11
ドラム缶型真空ろ過機　67
トランプエレメント　59

ナ 行

内部エネルギー　7
ぬれ性　81
熱力学コンパス　47
熱力学第1法則　7
熱力学第2法則　11

ハ 行

バイオアフィニティ吸着　85
廃棄物の大量発生　139
π定理　14
灰溶融炉　127
バグフィルター　74
パーコレーション転移　154
パソコンリサイクル法　105
ハードセパレーション　59
パレードの法則　161
反応吸収　86
非鉄スラグ　126
ヒートポンプ　145
飛灰　70
フィルタープレス　66
風力分離　75
不可逆な現象　8
吹上げ式風力選別機　75
物質集約度　103
物理吸収　86
物理吸着　85
不定比化合物　143,144
浮遊選鉱　81

浮遊分離　81
フュエルリサイクル　114
ふるい分け　60
分級　61
分配係数　83
分離係数　84
平衡分離　82
ベーコン数　160
ベッチ数　154
ベルトタイプ式　80
ベルトプレス　67
ペレット　89
偏心磁石渦電流式　80
ホメオスタシス　140
ホール・エルー法　97

マ 行

摩擦帯電式　78
マット塩素浸出電解採取法　96
マテリアルフロー　100
マテリアルリサイクル　106
マニフェスト制度　104
密閉式風力選別機　75
未利用エネルギー　172

ヤ 行

山元還元　107,130
有害廃棄物　133
有機溶媒抽出-電気分解法　96
溶融スラグ　122
容器包装リサイクル法　103
溶融塩電解法　97
溶融飛灰　130
余熱利用　168

ラ 行

ラングミュア吸着　85
ランダム・ネットワーク　153,157
力学的エネルギー　5
力学的エネルギー保存則　2
リターナブルガラス　121
リニアモータ式　80
粒子規準レイノルズ数　62
リンク　152
リンク発生の法則　152
ろ過　65
ろ過集じん　74
ロータリープレス　67
LOHAS(ロハス)　166

ワ

ワンウェイガラス　121

英字・略称

ASR(Auto-mobile Shredder Residue)　106
Czochralski法　95
ISP(Imperial Smelting Process)　94
PCM(Phase Change Material)
　146,170
RN(Random Network)　159
SFN(Scale Free Network)　159

葛西　栄輝（かさい　えいき）
　　　1980 年　東北大学工学部金属工学科卒業
　　　専　攻　素材再生工学，環境工学
　　　現　在　東北大学名誉教授　（工学博士）

秋山　友宏（あきやま　ともひろ）
　　　1985 年　北海道大学大学院工学研究科博士課程前期修了
　　　専　攻　エネルギー化学工学，金属生産工学
　　　現　在　北海道大学大学院工学研究院
　　　　　　　附属エネルギー・マテリアル融合領域研究センター　教授(工学博士）

物質・エネルギー再生の科学と工学

2006 年 2 月 25 日　初版 1 刷発行
2023 年 9 月 1 日　初版 7 刷発行

著　者　葛西　栄輝
　　　　秋山　友宏　© 2006

発行者　共立出版株式会社／南條光章
　　　　東京都文京区小日向 4 丁目 6 番 19 号
　　　　電話 東京(03)3947-2511 番　（代表）
　　　　郵便番号 112-0006
　　　　振替口座 00110-2-57035 番
　　　　URL　www.kyoritsu-pub.co.jp

印刷所
製本所　真興社

検印廃止

NDC 519

ISBN 978-4-320-07159-9

一般社団法人
自然科学書協会
会員

Printed in Japan

[JCOPY] ＜出版者著作権管理機構委託出版物＞
本書の無断複製は著作権法上での例外を除き禁じられています．複製される場合は，そのつど事前に，出版者著作権管理機構（TEL：03-5244-5088，FAX：03-5244-5089，e-mail：info@jcopy.or.jp）の許諾を得てください．